U0238566

内 容 简 介

　　本书聚焦全世界全谷物风潮，结合我国传统饮食特点，诠释了全谷物的基本概念、分类、营养功能作用、产品与加工技术，并对科学消费等科技人员以及消费者关心的问题进行解答，可作为了解全谷物加工科技、生产及消费领域等方面知识的入门必备手册。

　　本书首先介绍全谷物和全谷物食品的定义、法规、加工现状和发展趋势进而评价全谷物食品的营养和保健功效；在此基础上围绕目前全谷物食品的加工技术进一步展开详细介绍；然后介绍如何通过加工技术较好地解决全谷物食品的质量安全问题和关键影响因素；最后对于全谷物食品的消费趋势和消费者关心的问题从专业角度进行了回答。本书对于技术人员及普通消费者快速掌握和了解全谷物相关知识可发挥积极作用，希望有助于指导全谷物制造业与加工业的科学生产与消费。

全谷物加工知识问答

主　编　佟立涛　王丽丽

副主编　刘丽娅　仇　菊　周闲容

中国农业出版社

北　京

目 录
CONTENTS

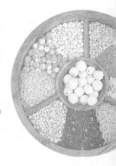

五、全谷物消费知识问答 ········· 68

一、 全谷物基础知识问答

1. 全谷物的定义是什么?

全谷物(Whole Grain)的定义最早由美国谷物化学家协会(American Association of Cereal Chemists,AACC)于 1999 年提出,是指完整、碾碎、破碎或压片的颖果谷物,基本的组成包括淀粉质胚乳、胚芽与麸皮,各组成部分的相对比例与完整颖果一致(龚二生,2013)。为了让普通民众容易理解,美国全谷物协会(Whole Grains Council,WGC)在 2004 年提出了另一种定义,给出的全谷物定义与 AACC 基本一致,认为全谷物应含有谷物种子所具有的全部组分与天然营养成分。

我国目前尚未有明确的全谷物定义,中国轻工业出版社出版的《营养科学词典》中对于全谷物的定义是:全谷物谷粒是完整的,经研磨、碎裂或制成薄片的谷物果实,其主要成分淀粉胚乳、胚芽和麸皮的相对比例与天然谷粒相同,包括大麦、荞麦、碾碎的干小麦、玉米(包括爆米花)、粟米、藜麦、糙米、黑麦、燕麦、高粱、画眉草、黑小麦和野米等。

2. 全谷物食品的定义是什么?

全谷物食品是以全谷物为主要原料加工而成的食品,不一定是完整的全谷物籽粒,可以有多种产品类型(谭斌等,2010)。

不同国家对于全谷物食品的定义存在差异。美国食品及药物管理局（Food and Drug Administration，FDA）和荷兰均规定，产品总重量51%以上为全谷物的谷物食品才能称为全谷物食品。瑞典（1989年）、丹麦（2009年）以及挪威（2009年）规定：每类食品中全谷物原料在总谷物原料的含量不得低于一定比例。其中，面粉、谷物粉和谷物颗粒为100%，薄脆饼干、麦片粥和意大利通心面为50%，面包、三明治和卷饼为25%，比萨饼、波兰饺子和其他风味派为15%。德国规定中对于小麦和黑麦面包的全谷物原料含量比例为不低于90%，意大利通心面则为100%。

3. 全谷物的组成与结构特点是怎样的？

全谷物籽粒主要由麸皮、胚乳和胚芽组成。胚乳由50%～75%的淀粉组成，是全谷物的最大组成部分，是发芽过程中胚芽的主要能量供应。大多数微量营养素（即维生素和矿物质）都位于胚芽和麸皮中，胚乳中几乎不含微量营养素。胚芽相对较小，仅占大多数谷物（如小麦、燕麦和大麦）干重的4%～5%。全谷物富含B族维生素（维生素 B_1，维生素 B_2，维生素 B_3 和维生素 B_5），矿物质（钙、镁、钾、磷、钠和铁）和膳食纤维。精制谷物被定义为已研磨的谷物，该过程可去除麸皮和胚芽。精制谷物具有更细腻的质地，但同时也失去了大部分膳食纤维、铁元素和B族维生素。精制谷物主要包括白面粉、白面包和精白米。与精制谷物相比，大多数全谷物提供更高含量的蛋白质、膳食纤维以及十多种维生素和矿物质。

4. 全谷物的常用原料、品种有哪些？

美国FDA明确了全谷物的种类范围，提出全谷物包括籽粒苋、大麦、荞麦、碾碎的小麦、玉米、小米、藜麦（quinoa，食用其粟）、稻米、黑麦、燕麦、高粱、苔麦夫（teff）、黑小麦、小麦与野生稻谷。但豆类、油料谷物与薯类并不属于全谷物种类范畴。全谷物原料的形式有整粒、碎粒、破裂的粒子或磨碎的粒子等，以这些谷物类种子的颖果为原料，将成分全部转化为一种产品的过程被称为全谷物利用，它们可以磨成全谷物粉或者加工成全谷物面包以及其他形式的全谷物加工食品等。如果一个食品标签注明产品内含有全谷物原料，那么该全谷物原料必须含有与其加工前种子中完全相同比例的麸皮、胚芽和胚乳组分。

5. 全谷物与传统的粗粮、杂粮有何区别？

无论是全谷物籽粒还是经过加工（如碾碎、压片、挤压等）的全谷物食品都应含有谷物种子中所具有的全部组分与天然营养成分，在食用时必须含有种子中所有的麸皮、胚芽和胚乳。大部分粗粮都属于全谷物，比如小米、大黄米、各种糙米、小麦粒等，也包括已经磨成粉或压扁压碎的粮食，比如燕麦片、全麦粉。还有一些食用豆类虽然不属于谷物，没有经过精磨，但也可以当粮食吃，称之为"杂粮"，比如红小豆、绿豆、芸豆等。只要不把种子外层的粗糙部分和谷胚部分去掉，保持种子原有的营养价值，都叫作全谷物。不过，有些粗粮并不属于全谷物。比如玉米碎，它是粗粮，可因其中的玉米胚已经去掉，玉米种子表面的那层种皮也去掉了，故不属于全谷物。

6. 市场上的全谷物食品有哪些？

全谷物可以作为完整食品（例如燕麦片或糙米）存在，也可以用作食品中的成分（例如面包中的全麦面粉）。国内市场上的全谷物食品种类很多，从加工形式上包括全谷物原料以及经过加工的全谷物食品，如直接食用的糙米、经过碾磨加工的全谷物粉（全麦粉、燕麦粉等）、经过压片的燕麦片以及挤压膨化的全谷物早餐片等。

国外典型的全谷物食品包括全谷粒、全麦面包、全麦通心粉、全麦意大利面、全麦细面条、全麦面粉、全麦饼干等。

7. 国外全谷物行业协会或专业组织主要有哪些?

美国谷物化学家协会（AACC）：最早将全谷物定为由完整、碾碎、破碎或者压片的谷物，其基本组成包括淀粉质胚乳、胚芽与麸皮，各组成部分的相对比例应与完整颖果一致。

美国食品与医药管理局（FDA）：全谷物食品的基本要求是至少食品总重量的 51% 是全谷物原料，同时对脂肪和胆固醇含量有一定限制。

全谷物委员会（WGC）：具有基本标签的食品，每份量中至少有 8g 全谷物原料；具有 100% 标签的食品，每份量中至少有 16g 全谷物原料，并且所含全谷物原料都是全谷物。

8. 国外通行的全谷物食品标准有哪些?

目前还没有国际通行的全谷物标准。

不同国家和地区（主要是北美和欧洲）对全谷物食品的要求如表 1-1 所示：

表 1-1　全谷物食品的基本要求

国家	机构和标准法规	全谷物食品的基本要求	其他限制与备注
美国 1999/2003 年	食品与药物管理局（FDA） 全谷物食品健康声明	至少食品总重量的 51% 是全谷物原料	对脂肪和胆固醇有限制
美国和国际 2005 年 1 月	全谷物理事会 美国全谷物食品标签 国际全谷物食品标签	基本标签：每份量中至少有 8g 全谷物原料 100% 标签：每份量中至少有 16g 全谷物原料，并且所含全谷物原料都是全谷物	无

（续）

国家	机构和标准法规	全谷物食品的基本要求	其他限制与备注
美国 2005年10月	美国农业部食品安全与检测服务中心（USDA/FSIS）	每份量中至少有8g全谷物原料；至少51%的谷物原料为全谷物	无
加拿大	全谷物理事会 加拿大全谷物食品标签	基本标签：每份量中至少有8g全谷物原料 100%标签：每份量中至少有16g全谷物原料，并且所含全谷物原料都是全谷物	无
英国	英国全谷物食品指导报告	对那些在包装盒上声称含有全谷物的食品，IGD工作小组指出这些食品每份量中必须含有至少8g的全谷物原料	包装上有引人注目的全谷物含量的食品需要注明"定量性原料声明"
丹麦	丹麦国家食品学会全谷物食品报告	以干基计算： 面粉、谷物和大米：100% 面包：50%（或30%面包总重量） 薄脆饼干、早餐谷物和意大利通心面：60%	不包括全谷物曲奇饼干、全谷蛋糕和全谷华夫饼干等产品
瑞典	瑞典国家食品管理局	面粉、粉和谷物：100% 薄脆饼干、麦片粥和意大利通心面：50% 面包、三明治和卷饼：25% 比萨饼、波兰饺子及其他风味派：15%	只适合于此处列出的品种；对脂肪、糖和钠盐有限量；对某些品种有最低纤维要求
荷兰	荷兰烘焙中心	如果面包采用100%全谷物粉制作，则可以称为全谷物面包。通常惯例是当一个产品中的谷物原料含量一半以上是全谷物原料时，则可称之为全谷物食品	在包装上不许使用诸如20%全谷物、30%全谷物、60%全谷物或80%全谷物之类的描述

9. 全谷物在国内的加工利用及消费现状是怎样的?

目前,我国还没有对"全谷物食品"制定相关的法规与标准、评价体系以及类似绿色食品、有机食品的标识。许多企业按照自己的方式推出类似产品,所以市场显得比较混乱,让消费者不知所措。近年来,全谷物食品在我国发展迅速,且有逐步发展壮大的势头。因此,可以预见,制定中国自己的"全谷物食品"的有关法规和行业标准将会提到议事日程上。

在 2013 年第二届全谷物食品发展国际论坛中,国家公众营养改善项目办公室基本确定了在全麦产品相关标准方面的基本思路,即以成熟的原料标准为依据,如以全麦粉为依据,结合市场的情况,本着先易后难、按需推进的原则制定一批产品标准。对于目前具体工作情况,全谷物标准的拟稿和申报表已申报到国家粮食标准化技术委员会,等待专家审定对标准进行立项,另经国家相关部门广泛的项目调研,结合部分专家的意见,将确定一批行业标准项目,并力争在 2~3 年基本形成我国全谷物终端产品、全谷物食品的一个基本标准体系。

10. 全谷物食品发展的历史背景是怎样的?

谷物作为人类最基本的膳食来源,对人体健康起着举足轻重的作用。数个世纪以来人类为了追求谷物食品的口感,一直在努力使面粉、大米变得更加精白。精白面粉制作的食品具有良好的质构、口感、风味与外观,但是同时也造成了许多膳食纤维、维生素、矿物元素与植物营养素等的损失。从 20 世纪 80 年代以来,发达国家对全谷物的营养与健康进行了大量的研究。研究表明,全谷物中除了膳食纤维的保健作用外,还包括抗氧化成分等生理活性物质,这些生理活性物质可能通过单个组分或相互结合或协同增效的作用来产生各种保健作用。在对大量的研究报道进行综述总结的基础上，美国、英国、瑞典等发达国家政府与有关组织发布了许多有关全谷物的健康声明。欧美发达国家全谷物的消费正呈现快速发展的势头。

11. 全谷物在国内发展的历史背景以及未来发展的难点是什么？

在中国的传统饮食文化中，谷物一直是主要粮食，在我国居民膳食营养"宝塔"中，大米、面制品及玉米等谷物类食品位居"宝塔"的底层。因此，谷物消费在我国居民膳食营养结构中占有非常重要的地位。长期以来，我国基本上是以精白米面制品作为主食，对谷物营养与健康方面的关注较少。因此，需要在发达国家大量研究结果的基础上，充分考虑我国居民膳食结构与消费习惯的实际情况，加强全谷物消费与我国居民健康之间关系的科学引导与科普宣传，为全谷物食品的发展与推广奠定基础。

同时，全谷物加工与产品开发有许多技术问题需要攻关。如全谷物食品由于膳食纤维含量较高，会导致口感粗糙影响人们对产品的感官和消费。另外，全谷物富含的糊粉层中含有很多酶类，包括过氧化物酶、多酚氧化酶、淀粉酶等，加工过程中对糊粉层的破坏可导致形成一些不良风味、酶促褐变与淀粉降解等。因此，全谷物加工将涉及产品风味、色泽、质构等方面的变化与控制，营养与功能性组分的保留与生物有效性控制，产品稳定性与货架期的控制，微生物污染控制以及产品的多元化开发等诸多问题。

12. 全谷物在国外的消费现状是怎样的？

当前的饮食指南鼓励消费者增加膳食纤维和全谷物的摄入

量。目前，全谷物食品研究推广与发展比较早的美国、英国与瑞典发布了权威全谷物健康推荐摄入量，如美国膳食指南明确建议消费者每天至少食用 3 份全谷物食品。尽管如此，美国目前的全谷物的平均摄入量仍然是每天少于一份，而且，估测美国目前不到 10％的人每天食用 3 份全谷物。2009—2010 年美国国家健康与营养检查调查（NHANES）的数据显示，儿童全谷物摄入量约为每天 0.57 盎司＊，成人约为每天 0.82 盎司。美国的膳食纤维总摄入量与全谷物摄入量直接相关。年龄大于 12 岁的美国人中只有大约 1/3 符合谷物摄入量建议，只有 4％符合当前的全谷物摄入量建议。所有年龄段的全谷物平均摄入量均远低于建议摄入量。

13. 全谷物未来的发展趋势会是怎样的？

目前，发达国家对全谷物食品的热衷与兴趣的快速增长，很大程度上是由于消费者对全谷物保健作用的关注。欧美国家对全谷物的营养健康、加工技术、宣传教育、市场与消费等领域的研究非常重视。一场全谷物的运动正在欧美国家掀起（Jonnala-gadda et al.，2011）。

发达国家在全谷物营养与健康方面，目前主要侧重全谷物生理活性物质及其生物有效性、对慢性疾病的保健作用机理、临床干预研究等方面的研究。全谷类食品对于健康益处已有据可循，流行病学证据表明全谷类食用量与非传染性疾病风险（包括心血管疾病，2 型糖尿病和结肠癌）之间存在明显的逆线性关联（Reynolds et al.，2019）。在消费与教育研究方面，主要侧重全谷物相关的标准、法规，全谷物健康作用宣传与消费障碍评价、消费市场变化等方面的研究（Kantor et al.，2001）。在谷物科

＊ 盎司为非法定计量单位，1 盎司＝28.350 克。——编者注

学与技术方面，主要侧重全谷物食品风味、质构、色泽等感官特性的改良研究，新兴市场友好型全谷物食品的开发，全谷物食品及其生理活性组分的生产调控研究等。

可以预见，全谷物食品必将在世界范围内受到更加广泛的关注，其市场也将得到快速发展，这无疑对人类的膳食结构与粮食消费观念乃至人类健康都将产生深远的影响。

14. 全谷物及全谷物食品在国外的发展历程是怎样的？

西方发达国家在 20 世纪 80 年代便开始对全谷物食品进行研究。国际上第一个全谷物的专题会议是在 1993 年由美国农业部、通用磨坊（General Mills）及美国膳食协会等机构联合发起在华盛顿召开的。之后每年就全谷物方面的不同主题召开年会。随着研究的深入，全谷物对人体健康重要性愈加得到重视，越来越多的组织机构发起各种有关全谷物的国际会议以进一步推进全谷物的研究。1997 年在巴黎召开了第一个欧洲的全谷物会议；2001 年在芬兰召开了全谷物与健康国际会议，全面研究探讨全谷物与健康科学；然后相继在美国明尼苏达州与美国加利福尼亚州召开了全谷物与健康的国际会议。2002 年美国在波士顿成立了全谷物委员会（Whole Grain Counci，WGC）。2005 年，欧盟启动了"健康谷物"（Health Grain）综合研究计划项目，共计有 17 个国家的 43 个研究机构参与项目。项目目的在于通过增加全谷物及其组分中的保护性化合物的摄入，改善人们的健康状况。2007 年在美国堪萨斯州成立了一个"WIN"的全谷物国际网络组织，目前美国、丹麦、德国、加拿大、澳大利亚与日本参加其中。2005—2010 年，欧盟启动了一项"健康谷物"综合研究计划项目，目的是增加欧洲人的全谷物消费以减少糖尿病等慢性疾病的危险，提高生活水平。2010 年 6 月，欧盟健康谷物协会正式成立（安红周等，2013）。

15. 全谷物及全谷物食品在我国的发展历程是怎样的？

全谷物食品在我国的开发及宣传起步相对较晚。近年来，全谷物食品等发展迅速，但目前生产规模都不大，种类少。现在，我国很大程度上还停留在追求具有良好口感、色泽的精白米面食品阶段（赵芃等，2018）。尽管有少数企业在研发推广发芽糙米、全麦粉，但总体上我国全谷物食品的研究开发较为滞后，缺乏健康谷物消费的引导，市场上全谷物产品极少，也缺乏全谷物食品的规范准则。市场宣传力度不够，消费者对全谷物食品认识不足，我国的全谷物食品的市场还未形成。全谷物食品研究开发尽管目前刚刚起步，但是也代表着一个新的发展方向。相信随着社会各界的努力呼吁及潜在市场的推动，我国全谷物食品的发展将有一个美好前景。此外，我国谷物食品的多样化发展与国外差距甚大，传统谷物食品、营养强化食品及全谷物食品全面发展是我国粮食加工发展的一个重要方向。

16. 目前世界各国通行的全谷物标识有哪些？

全谷物标识（图 1－1）是由总部在美国的全谷物委员会（WGC）管理的。WGC 的会员目前已有 13 个国家的 275 家公司，其中包括几乎所有的国际知名食品企业，比如雀巢、宾堡、卡夫、佳吉、通用磨坊等。WGC 的宗旨有三个：一是帮助消费者发现全谷物食品并理解它们对人体的健康益处；二是帮助厂家生产更多、更好的全谷物产品；三是帮助媒体对全谷物进行准确和令人信服的报道。全谷物标识只是全谷物委员会实现这些目标所进行的众多项目之一，要想正式采用这个"全谷物标识"，每个公司必须做到三点：一是成为全谷物委员会的正式会员，根据公司的大小，每年的会员费为 1 000～9 000 美元；二是签订一个遵守全谷物标识项目规则的法律条文；三是对每个要使用全谷物标识的产品逐一提交书面申请，并获取全谷物委员会的批准（侯国泉，2011）。

图 1-1　全谷物标识

17. 我国发展全谷物食品有何重要意义？

加强我国全谷物食品的研究开发对于提高我国粮食资源的利用效率与增值效益、改善我国大众营养与健康状况具有非常重要的意义。粮食安全与节约问题一直是全球关注的焦点问题。随着消费者生活水平提高和对口感过度追求，加工高精度的米、面所占全谷物比重越来越大。通常，精白米和精白面的出品率分别为65％和75％左右，而高档精米和麦芯粉的出品率更低，仅为50％左右。按照出品率提高1％计算，我国每年可节约粮食1 000多万吨。因此，增加全谷物食品的消费量，倡导健康粮食消费能有效促进我国粮食安全。近年来随着肥胖症等营养相关慢性疾病的发病率逐年攀升，这对我国居民身体素质、劳动能力、社会经济发展及全面建成小康社会的发展进程产生巨大的影响。人们的营养健康意识不断增强，越来越多的消费者逐渐开始讲究营养平衡与合理膳食。谷物是我国膳食结构中最重要的食物资源，而全谷物所含有的各种微量营养素与抗氧化成分等植物化学元素（生理活性成分）之间能够相互作用，协同增效。

二、 全谷物营养健康问答

1. 全谷物通常包含哪些基本营养成分?

谷物由三个主要部分组成:胚芽,包括植物胚胎或种子;胚乳;外皮层,含有糊粉。根据目前的定义,要使粮食成为一种完整的粮食产品,必须将粮食的三个部分都包括在内(Van Der Kamp.et al.,2014)。胚乳主要是淀粉和蛋白质,糊粉和胚芽含有膳食纤维和大部分生物活性成分(Liu,2007)。它们包括传统营养素,即蛋白质和氨基酸、必需脂肪酸、B族维生素(维生素 B_1、维生素 B_2、维生素 B_3、维生素 B_5、维生素 B_9)、维生素 E和矿物质(钙、镁、磷、钾、钠、锌和铁)。全谷物类还含有植物化学物质植物成分,如植酸盐、木脂素、酚酸和多酚,这些成分具有抗氧化性和其他可能有益健康的生物活性。全谷物类也包括一些抗营养物质,比如植酸及单宁酸等。

(1)大量营养素:淀粉是全谷物最主要的碳水化合物。通常谷物中含有25%~27%的直链淀粉,而蜡质大米或玉米等谷物的淀粉绝大多数为支链淀粉。谷物中还含有少量的游离糖类(1%~2%),如蔗糖、麦芽糖与葡萄糖等。谷物通常含有6%~15%的蛋白质和脂质。

(2)微量营养素:维生素与矿物质主要分布在种皮、胚芽与糊粉层中,是大多数 B 族维生素尤其是维生素 B_1、维生素 B_2、

维生素 B_3 的重要来源，谷物也是维生素 E 的很好来源。谷物中钠含量低、钾含量高，且含有较高的铁、镁与锌，同时还含有一定的硒等其他微量元素。

（3）植物化学物质：谷物中含有许多有利于人体健康的生物活性组分，主要包括多酚类、维生素 E 与类胡萝卜素等抗氧化成分。木酚素是谷物中的一类植物雌激素，尽管其含量很低，但是由于谷物的日摄入量大，因此也是一个重要的来源。

（4）抗营养组分：谷物中植酸的含量较高，大多数谷物的植酸主要分布在糊粉层，也有少部分分布于胚芽。植酸可以与铁、钙、锌等矿物元素结合从而降低这些矿物元素的吸收，因此被认为是一种抗营养因子。丹宁酸是褐色高粱的一种抗营养成分，它可以与蛋白质结合，降低其消化性。

2. 与普通或精制谷物相比，全谷物的营养价值体现在哪些方面？

与精制谷物相比，全谷物除了具有高营养密度外，还包含一些植物化学物质。这些化学物质在促进健康和预防疾病方面发挥着重要营养素所提供的生物作用。全谷物对健康的促进作用不仅仅是较高的膳食纤维含量，尽管膳食纤维和其他必需营养素在对人体健康影响中占了很大一部分，但是全谷物的生物活性物质在维护健康和预防疾病中起着同样的协同作用。

（1）营养更丰富。

在同等质量、同等能量的情况下，全谷物可提供相当于白米 3 倍以上的维生素 B_1、维生素 B_2 和钾、镁等矿物质。

（2）膳食纤维含量高。

人们都知道粗粮中纤维素多，其中总膳食纤维占比大。在同等重量下，全谷物可提供更多的膳食纤维，有利于预防肠癌、便秘、糖尿病、心脏病等。研究证明，吃粗粮多的人，随年龄增加发胖的风险比较少，而吃精白米精白面的人，发胖风险非常大。

（3）提供更多的植物活性物质等保健成分。

目前的科学研究表明，全谷类（和其他植物性食品）中存在的不同类型的膳食生物活性物质产生协同作用，在人体内作为抗氧化剂或抗炎剂发挥作用，有助于人体健康的维护和疾病的预防（Liu，2007）。

（4）延缓餐后血糖上升。

与摄入同样多的淀粉相比，吃粗粮、豆类食品后血糖上升的速度就要明显慢很多，减少了胰岛素需要量，有利于血糖的控制。

（5）饱腹感更强。

当摄入同样的能量时，全谷物在肠胃内的消化速度更慢，可以较长时间维持饱腹感。

3. 全谷物原料所保留的种皮中主要含有什么物质？

不同于全谷物原料其他部分，全谷物原料所保留的种皮中含有的营养物质主要是纤维素、半纤维素、B族维生素（维生素 B_1、维生素 B_2、维生素 B_3 和维生素 B_5）、矿物质以及一些其他的活性成分，占谷粒的 $13\%\sim15\%$。其中膳食纤维（主要是阿拉伯木聚糖和 β-葡聚糖）、木质素、酚类物质主要集中在种皮。全谷物类食品中的大多数促进健康的饮食生物活性物质存在于谷粒的胚芽和麸皮部分，如植物甾醇、维生素 E、烷基间苯二酚、植酸、γ-谷维素、燕麦生物碱、阿魏酸，肌醇和甜菜碱。尽管许多研究都集中在全谷物的个别成分上，但流行病学证据表明，与单个成分相比，全谷物食品的整体成分对慢性病的预防作用最大。一些膳食生物活性物质对某些谷类谷物是特异性的，如大米中的 γ-谷维素、燕麦和大麦中的 β-葡聚糖、燕麦中的生物碱和皂苷、黑麦中的烷基间苯二酚等。

4. 全谷物中的碳水化合物主要有哪些种类，各具何种营养特点？

碳水化合物是谷物的重要部分，占全谷物的 $66\%\sim72\%$。谷物中含有淀粉、双糖（蔗糖、麦芽糖等）、单糖（葡萄糖、果糖等）等碳水化合物。淀粉是谷物最主要的碳水化合物，淀粉颗粒大小与形状因不同谷物种类而不同，如大米淀粉颗粒的直径通常为 5 微米，而小麦为 $25\sim40$ 微米，淀粉颗粒形状也有颗粒形、球形、肾形等。淀粉颗粒中的直链淀粉与支链淀粉比例取决于谷物种类和品种。淀粉不仅是营养物质、供能物质，而且有些淀粉物质具有重要的生理功能，影响着其他营养素的正常代谢功能（熊荣园等，2021）。谷物中还含有在人体小肠中不能被消化吸收的淀粉，称之为抗性淀粉，与膳食纤维的特性相似。荞麦是抗性淀粉和直链淀粉的良好来源，碳水化合物总含量约为 70%。在荞麦种子中发现了一种重要的化合物叫作荞麦硫醇，它是 D-chiro-肌醇的衍生物。荞麦硫醇可以作为一种膳食补充剂，因为它很容易被 α-半乳糖苷酶水解，释放 D-chiro-肌醇，并降低非胰岛素依赖型糖尿病患者的血糖。谷物中的非淀粉多糖（不包括纤维素）主要包括阿拉伯木聚糖、β-葡聚糖、果胶与阿拉伯半乳糖等，占谷物的 $2\%\sim8\%$。

通常谷物中含有 $25\%\sim27\%$ 的直链淀粉，而蜡质大米或玉米等的绝大多数淀粉为支链淀粉。

5. 全谷物中的膳食纤维主要组成是什么，能发挥什么作用？

膳食纤维被称为人体的第七大营养素，全谷物食品是日常饮食中膳食纤维的良好来源。膳食纤维主要由构成植物细胞壁的碳水化合物聚合物（非淀粉多糖）组成，包括纤维素、半纤维素和果胶，植物或藻类来源的其他多糖（如树胶和黏液）以及低聚糖（如菊粉等）；另外还包括通过小肠未改变但在大肠中发酵的类似的非消化性碳水化合物，例如抗性淀粉、低聚果糖、低聚半乳糖、改性纤维素和合成的碳水化合物聚合物，除此之外还包括相关物质，主要是木质素，以及包括蜡、角质、皂角苷、多酚、肌醇六磷酸和植物甾醇的次要化合物，它们是通过各种纤维分析方法与多糖和低聚糖一起提取的。但是，除木质素外，这些相关物质在分离时不能描述为膳食纤维（赵佳，2020）。

膳食纤维由于其有益的生理作用，如降低血胆固醇、改善大肠功能、降低餐后血糖和胰岛素水平等，近年来得到了广泛的研究。除了有益的生理作用外，膳食纤维还可以促进有益肠道细菌的滋生和活动。膳食纤维的这种活性被称为益生元活性。益生元是一种不易消化的食物成分，通过选择性刺激有益细菌（如乳酸杆菌和双歧杆菌）在结肠中滋生和活性而影响宿主有机体，从而改善宿主健康（Gibson et al.，2017）。

6. 全谷物中的维生素组成有什么特点，能发挥什么作用？

维生素是一类维持人体正常生命活动的活性有机物质，人体内的维生素来源大多是谷类食物。谷类中含量较丰富的维生素主要是 B 族维生素，如维生素 B_1、维生素 B_2，此外还有一定量的维生素 E 等。B 族维生素是一类水溶性维生素，它们在细胞代谢中有着重要的协同作用，有助于调节新陈代谢并促进细胞健康生长，保护皮肤及肌肉的健康，增进免疫系统和神经系统的功能，从而促进细胞的生长和分裂（促进红细胞的产生，从而预防贫血的发生）。缺乏维生素 B_1 时容易引起各种脚气病，缺乏维生素 B_2 时易造成代谢紊乱，出现口角炎、皮炎、舌炎、脂溢性皮炎、脱发、结膜炎和角膜炎等症状。植物能自然合成维生素 B_2，但人和动物一般不能自然合成，必须从食物中获取。维生素 E 也是人体必需的营养素，它是一种功能强大的脂溶性抗氧化剂，具有抗癌、降血脂，保护心脏、神经和胃的功能。维生素E主要存在于全谷物的胚芽中，富含维生素E的胚芽油即从此提炼。维生素E在磨制过程中极易流失，故其在精米中含量甚微。

7. 全谷物中的植物营养素（植物化合物）的主要成分是什么，能发挥什么作用？

全谷物膳食含有多种植物性化学物质，酚类、类胡萝卜素、维生素E、木酚素、阿拉伯木聚糖与β-葡聚糖等非淀粉多糖、甾醇和植酸等。这些植物营养素主要分布在胚芽与外层麸皮中，其种类与含量因谷物种类和品种的不同而存在较大的差异。酚类化合物在全谷物生长过程中起着重要作用，是抵御病原体、寄生虫和天敌的防御机制，也是植物颜色的重要组成部分，例如黑小麦、黑青稞、黑米等富含丰富的花青素。甾醇和维生素E是植物油的主要成分，它们具有保护身体免受毒素、阿尔茨海默氏症和糖尿病等神经疾病的作用。在植物化学物质的含量和多样性方面，大麦较其他主要谷物（小麦、燕麦、黑麦和水稻等）更加丰富。

8. 全谷物中的脂质组成有什么特点，能发挥什么作用？

谷物的脂质主要存在于胚芽中，且富含多种对人体有益的脂质和脂肪酸，包括亚油酸、亚麻酸、油酸、卵磷脂、脑磷脂等。小麦中的脂肪含量为 2.1%～3.8%，大米为 2.0%～3.1%，小米为 4.0%～5.5%，大麦为 3.3%～4.6%，黑麦为 2.0%～3.5%。而含量较高的谷物之一燕麦含有 5.2%～9.4% 的脂质（游离脂肪酸、甘油三酯、糖脂和磷脂），主要存在于胚乳中。脂类是具有一些重要生理功能的化合物，同时脂类也是维生素A、维生素D、维生素E、维生素K等许多生物活性物质的良好载体，也可以提供某些人体不能自身合成的必需的不饱和脂肪酸。燕麦中主要的游离脂肪酸是棕榈酸（16%～22%）、油酸（28%～40%）和亚油酸（36%～46%）。燕麦不同于其他油料作物，燕麦油中磷脂含量显著偏高（≥20%）。植物油脂中的不饱和脂肪酸含量高，容易氧化，从而保护植物的完整性和生命力。此外，长链多不饱和脂肪酸（LCPUFA）是人体必需的营养物质，具有构建脑和视网膜等膜相关蛋白的功能。

9. 全谷物中的矿物质组成有什么特点，能发挥什么作用？

谷物中的矿物质元素有磷、钾、镁、钙、钠、铁、锡、硫、氯等，此外还有锌、铝、锰等微量元素。矿物质含量在全谷物中占比 1.5%～3%，主要存在于果皮和糊粉层中，其中磷、钾的含量较多。大部分矿物质主要以结晶植酸盐络合物的形式存在。矿物质是刺激机体发育功能所必需的物质，主要发挥的作用包括能量产生、细胞生长、愈合、血液和骨骼发育均衡，维持健康神经系统和肌肉调节（包括心肌）等。矿物质也是许多酶的组成部分之一，由于营养不良，特别是长期饥荒造成的各种矿物质缺乏，会导致许多慢性病的发生。另外，矿物质不能由生物体自然合成，主要来源于土壤中，随后被植物和动物利用，因此人体须通过合理的膳食补充摄入所需的矿物质，保持机体健康。

10. 全谷物中的酚类物质都有哪些，能发挥什么作用？

除了膳食纤维，谷类食品中发现的主要生物活性成分是酚类、固醇类、维生素 E 类和甜菜碱类（Liu，2007）。谷类食品含有大量的多酚（0.03～14.59 毫克/克，干重），尤其是类黄酮和酚酸，如阿魏酸、对香豆酸、香兰素、咖啡酸和芥子酸。在不同的全谷物中，小麦是多酚的良好来源（＜14.59 毫克/克，干重）（LIYANA-PATHIRANA，SHAHIDI，2006），而高粱（0.03～

0.43 毫克/克) 和燕麦 (0.09～0.34 毫克/克) 的含量较低。酚酸在不同谷物中的浓度范围为 1.00～1.08 毫克/克，千重 (DAS，SINGH，2015)。与其他谷物相比，虽然大米的酚酸含量非常低，但是大米富含黄酮类化合物 (0.220～0.431 毫克/克)(TI et al.，2014)。烷基间苯二酚是几种谷物中酚类脂质的混合物，主要存在于黑麦 (5.70～32.20 微克/克) 和小麦 (2.00～7.50 微克/克) 中。多酚不仅具有抗氧化的作用，还具有抗癌、抑菌、护肝、抗感染、降胆固醇、增强免疫、改善认知及预防心血管疾病的功能，2 型糖尿病 (ZHANG et al.，2013；DUTHIE，BROWN，1994) 等多种功能活性。

11. 全谷物中的黄酮类物质都有哪些，能发挥什么作用？

谷物中黄酮类化合物是酚类一个重要的组成部分，具有多种生物活性，准确测定总黄酮含量对于食品营养价值判定、功能食品开发等十分重要 (叶兴乾等，2018)。黄酮类物质具有两个芳香环，由一个三碳链连接，其种类的多样性主要是由黄酮骨架上不同羟基、甲基以及配糖体等取代基的不同组合方式决定的。到目前为止，已鉴定了 9 000 多种黄酮类化合物并进行分类。根据三碳链的氧化程度以及是否构成环状，黄酮类化合物大致可分为黄酮 (flavone)、黄酮醇 (flavonol)、黄烷醇 (flavanol)、二氢黄酮 (flavanone)、二氢黄酮醇 (flavanonal) 和花色素 (anthocyanidin) (孙达旺，1992)，这些化合物具有紫外线吸收能力，并能保护 DNA 免受紫外线辐射的损害。其他的健康益处还包括预防心血管疾病和不同形式的癌症。黄酮类化合物还可以通过充当益生元而对肠道产生有益的特性。天然多酚通过靶向多种机制途径对多种类型的癌细胞发挥细胞毒性作用，其特点包括抗炎，抗转移，抗增殖以及促凋亡 (Awika，Rose，Simsek，2018)。

12. 全谷物中的生物碱都有哪些，能发挥什么作用？

生物碱是一大类由复杂的有机分子和杂环氮环组成的化合物，在较高浓度下会产生强烈的苦味。生物碱主要来源于植物中，故又称植物碱。生物碱种类繁多，根据生物碱不同的化学结构类型，可分为异喹啉类、喹啉类、吲哚类、哌啶类、萜类、甾体类、肽类生物碱等。研究发现，植物中的生物碱可抑制细胞端粒酶活性、减少肿瘤扩散以及诱导肿瘤细胞分化和凋亡、抑制肿瘤细胞增殖等，并且可提高机体免疫力，降低化疗不良反应等。燕麦中存在的燕麦生物碱具有的抗过敏特性使得它成为优良的皮肤保护剂。藜属植物已被报道含有托烷、哌啶和吡啶生物碱。几种低浓度生物碱提取物因其不同的药理特性而被使用，如抗心律失常、抗高血压、镇痛、镇咳、抗疟和抗胆碱特性。

13. 全谷物中的木脂素是什么物质，能发挥什么作用？

木脂素是一类由两分子苯丙素衍生物（即 C6 - C3 单体）聚合而成的天然化合物，多数呈游离状态，少数与糖结合成苷而存在于植物的根、茎、叶、种子及果实中。木脂素需要经过人体的消化代谢转化为内源性木酚素进而被吸收利用，木脂素的代谢物可以作为抗氧化剂和自由基清除剂。常见的木脂素包括落叶松醇（LAR）、松脂醇（PIN）、开环异落叶松脂素（SECO）、丁香脂醇（SYR）、罗汉松脂酚（MAT）和 7-羟基马沙酚，这些成分以糖苷、酯化糖苷、生物低聚物和苷元的形式存在于谷物中。它是木脂素形成途径的中间产物或副产物。木脂素的双酚环使其结构与内源性雌激素相似，肠道微生物可通过肠道脱甲基和乳酸脱氢等对 SECO 进行肠道脱甲基，然后转化为肠内酯。PIN 和 LAR 只有在肠二醇形成后并通过乳糖化转化为 SECO；SYR 很可能通过其他途径转化为肠内酯。除了植物雌激素特性外，木脂素还可能表现出抗癌、抗氧化、抗增殖和防止血栓生成的特性（周治海，2000；鞠兴荣等，2011）。

14. 全麦粉中的烷基间苯二酚（ARs）是什么物质，能发挥什么作用？

烷基间苯二酚（亦称间苯二酚脂质）是一种在全谷类及谷物制品中存在的化合物，与维生素 E 相似，它含有直的脂肪族烃侧链和一个单一的酚环。谷物中烷基间苯二酚烷基侧链的长度为 13～27 个碳原子。大部分侧链通常是饱和的，也有不饱和侧链和含氧链类似物（Gohil et al.，1988）。烷基间苯二酚具有保护细胞脂类成分免受氧化过程影响的能力。与 α-生育酚相比，烷基间苯二酚在体外是非常弱的抗氧化剂；然而，烷基间苯二酚是磷脂双层膜中有效的抗氧化剂。长链烷基间苯二酚同系物可防止 Fe^{2+} 诱导的脂质体膜中脂肪酸和磷脂的过氧化过程，以及甘油三酯和脂肪酸的自氧化过程。长链烷基间苯二酚混合物也能防止天然膜中脂质的过氧化（Mikail et al.，2015）。从黑麦谷物中分离出的长链烷基间苯二酚也能有效地保护红细胞膜免受过氧化氢诱导的氧化。此外，在体外条件下，烷基间苯二酚在生物系统中具有抗遗传毒性和抗氧化活性的功能。

15. 糙米中的 γ-氨基丁酸（GABA）是什么物质，能发挥什么作用？

γ-氨基丁酸普遍存在于谷物中，并广泛分布于原核和真核生物之间。γ-氨基丁酸主要是由谷氨酸脱羧酶（GAD）催化 1-谷氨酸脱羧而产生。植物中如豆类、谷物的种子、根茎和组织液中都含有 γ-氨基丁酸。糙米最重要的物质之一是 γ-氨基丁酸，这是一种对人和动物具有积极作用的功能性营养素。γ-氨基丁酸是一种重要的神经递质，能够参与多重代谢活动（Baum et al.，

1996）。在人体中 γ-氨基丁酸是中枢神经系统的抑制性传递物质，能结合并激活大脑中与焦虑相关的受体，阻止焦虑相关的信息抵达指示中枢，起到抗抑郁的作用（韩济生，1999）。此外，γ-氨基丁酸不仅可以提高记忆力和学习能力，还可以降低一系列疾病的风险，例如高血压、2 型糖尿病、癌症、肥胖症、心血管疾病、神经退行性疾病、骨质疏松症以及动脉粥样硬化和血管炎症。

16. 目前人们对于全谷物对人体健康的影响已取得哪些共识?

全谷物比精制谷物含有更高的植物营养成分。全谷物富含矿物质、维生素、膳食纤维、木质素、β-葡聚糖、菊粉、植物化学物质、菲汀和植物甾醇。大量的流行病学研究表明，摄入全谷物食品可增加膳食纤维、多酚及维生素和矿物质等营养成分的摄入，对慢性疾病如心血管疾病、2 型糖尿病和结肠癌具有预防作用（Aune et al.，2016；Zhang et al.，2018）。富含全谷物的食物具有保健作用，这激发了人们对开发新技术以改善谷类食品营养状况的兴趣。全谷类食品具有良好的消费潜力，被认为是促进健康的功能食品。如今，随着消费者对保健食品的需求日益增长，全谷物食品开始出现在市场上。全球市场上有大量的全谷类产品，如糙米、燕麦、大麦等杂粮制品。由于不同的全谷类有不同的成分和健康益处，人们已经创造出新的产品概念并开发出使用各种谷物原料制造多种谷物产品。

17. 全谷物中能发挥抗氧化作用的物质都有哪些?

内源性和外源性产生的活性氧化剂与许多慢性退行性疾病的病因有关（Fardet et al.，2008）。全谷物中的多酚是一种天然抗氧化剂，也是全谷物抗氧化作用的主要来源（Willcox et al.，2004）。在化学上，根据酚基团的数量和结构元素，多酚可分为四类：类黄酮，对苯二酚，木脂素和酚酸。其他具有抗氧化作用的物质还有维生素 E、类胡萝卜素、γ-谷维素、烷基间苯二酚和植酸等。对于谷物中的酚类，可以将酚类化合物环中的氢原子转移给活性氧，然后还原和中和这些自由基。通过清除反应性自由基，螯合铁并抑制脂质过氧化作用。另外，叶酸、甜菜碱、胆碱和含硫氨基酸（蛋氨酸和半胱氨酸）等主要是作为抗氧化剂的前体物质或者辅助因子发挥作用。

18. 全谷物中的抗营养物质是什么，其对人体的影响是怎样的？

在全谷物中，植酸的含量较高，以干基计，玉米、软小麦、糙米、大麦与燕麦的植酸质量分数分别为 0.89%、1.13%、0.89%、0.99% 与 0.77%。谷物糊粉中的植酸盐是有益的健康成分，也被称为抗营养剂。这两种情况下的机制是相同的。植酸结合矿物质（特别是铁和锌）会使人体减少对植酸吸收，但也会减少铁在结肠中的氧化。结肠细菌产生大量的氧自由基，铁在这些自由基的存在下很容易被氧化。饮食中的植酸形成一种铁螯合物，这种螯合物具有催化活性，可减少对肠上皮和邻近细胞的氧化损伤。在考虑影响矿物质吸收的许多相互作用时必须考虑个人的饮食模式，即减少癌症、心脏病、糖尿病和肾结石形成风险等有益效果必须与特定饮食有关的矿物质吸收相平衡。

19. 全谷物的摄入对于肠道微生物有何影响？

食用全谷类食品已被广泛证明有益于肠道健康和胃肠道。流行病学研究发现膳食中全谷物的摄入量与许多慢性疾病的发病率呈负相关，这可能与其潜在的肠道菌群调节作用有关。可发酵的纤维和不发酵的纤维均有助于保护胃肠道（龚凌霄等，2017）。全谷类食物中的不溶性和不可发酵的纤维含量有助于预防和缓解便秘。相反，它们在人类消化道中保留了独特的结构，并增加了粪便的体积，从而改善了胃肠道的运输。可发酵纤维虽然也不易消化，但可以由结肠中的细菌发酵，其发酵产物可在维持免疫系统健康方面发挥特殊作用。许多可发酵纤维促进胃肠道屏障的建立和功能，同时也有助于改善结肠内的血液流动，保护胃肠道免受有害毒素和病原体的侵害。这种发酵的主要产物是短链脂肪酸，如醋酸盐、丙酸盐和丁酸盐。同时，它们的发酵产物 [主要是短链脂肪酸（SCFA）] 可能有助于减缓常见病原体的生长，并对结肠神经肌肉活动、腹泻和肠道肿瘤发病具有抑制作用。谷类胡萝卜素等有益于胃肠道健康的抗氧化等功能。类黄酮如花青素，因其抑制结肠癌的潜力而被广泛研究。因此，全谷类食物不仅提供纤维，还帮助保护胃肠道免受慢性疾病的侵袭。

20. 全谷物在调节脂肪代谢方面的作用机制是什么？

2005 年美国食品和药物管理局首次提出：每天至少食用 3 盎司或更多的全谷物可以降低患几种慢性疾病的风险，并有助于保持体重。全谷物中的膳食纤维被认为是影响体重管理的主要成分（Brown et al. , 1999）。可溶性纤维与水结合，在消化道形成凝胶溶液。凝胶状纤维延迟胃排空，降低肠道转运速度，减少营养吸收。胃排空延迟有饱腹感，因此有助于降低食欲。另一个可能的机制是由于高可发酵纤维的摄入，肠道微生物群的变化可能会影响新陈代谢，从而影响体重调节。纤维发酵产物可能具有调节人体胰岛素和胃肠激素分泌的生物学潜力。全谷类食物中的可发酵纤维可被胃肠道菌群分解产生短链脂肪酸。在这些短链脂肪酸中，丙酸盐和醋酸盐被认为可以增加饱腹感。而短链脂肪酸如醋酸盐、丙酸盐和丁酸盐在结肠中被吸收，可能会刺激大脑中的多种代谢途径。大脑中较高的醋酸盐水平通常会导致急性食欲抑制。

21. 全谷物预防心脑血管疾病的作用机制是什么？

有关专家对近年来的几个大的群组研究进行了综述，结果显示全谷物的摄入与心血管疾病（主要包括缺血性心脏病、冠心病、突发性心力衰竭等是引起心血管疾病的因素）的发病率呈负相关，且死亡率较低（Hu，2003）。全谷类食品对心血管疾病的预防作用大于单独使用谷类纤维或水果和蔬菜摄入的纤维。流行病学和临床干预研究一致表明，食用全谷类食品可能降低心血管疾病的风险，这可能是因为它们能够降低低密度脂蛋白（LDL）胆固醇和血压（Anderson et al.，2000）。谷物中的其他化合物包括抗氧化成分、植酸、凝集素、酚类化合物、淀粉酶抑制剂、皂角苷均被证明可以降低冠心病的发病率。全谷物对冠心病的影响作用机制很有可能是谷物中这些化合物的复合协同作用，而不是任何单一组分的作用（Mark et al.，2002）。已知 β-葡聚糖可增加粪便中胆固醇和胆汁酸的排泄。其他机制包括某些饮食生物活性物质（如多酚类）发挥抗氧化和抗炎作用的能力，以及大肠中全谷物多糖发酵产生短链脂肪酸，从而抑制胆固醇合成。全谷物的食用可以降低体内 C-反应蛋白水平。同样值得注意的是，凝胶形成的可溶纤维可以截留脂质并减少其在血液中的吸收。

22. 全谷物降低糖尿病风险的作用机制是什么？

生活方式的改变，尤其是膳食营养组分的变化是 2 型糖尿病防治的首要因素。控制（减少）体重是糖尿病最重要的可变因素。然而，其他膳食措施及其防治作用还没有得到广泛认同。在过去几年已有研究表明，全谷物的摄入与 2 型糖尿病的发病呈显著负相关（赵琳等，2014）。全谷物中的生物活性物质和益生元可能在调节血糖反应中发挥重要作用。与全谷物低摄入量相比，全谷物的高摄入量可显著降低 2 型糖尿病的发生。全谷物摄入量最高个体糖尿病发病的平均相对危险系数为 0.74，意味着比全谷物摄入量最低个体的危险系数低 0.26。具体来讲，每周摄入约 20 份全谷物的人比每周全谷物摄入量平均少于 1 份的人糖尿病的发生率低 26%。其潜在机制主要分为三个方面。其一是增加了胰岛素的敏感性，减少餐后组织负荷，延缓餐后血糖升高，控制病情。短链脂肪酸被假设通过刺激细胞分泌胰高血糖素样肽—1来影响胰岛素敏感性。同样，短链脂肪酸可能影响肝葡萄糖氧化，减少脂肪酸释放和胰岛素清除，从而提高胰岛素敏感性。众所周知，全谷物是可溶纤维的来源，可在胃肠道内形成凝胶，它们被证明能捕获营养物质并减缓（或抑制）它们的吸收。这反过来有可能调节葡萄糖反应和其他胃肠激素的分泌。其二是降低炎症发病风险。其三是影响肠道微生物作用，调节肠道微生物平衡，抑制条件致病菌的过度生长以及外来致病菌的入侵。

23. 全谷物降低癌症发病风险的作用机制是什么？

大量研究显示，每天摄入 1 份全谷物食品能降低癌症发生的风险，尤其是肠胃癌症（谭斌等，2010）。主要因为全谷物中存在的众多营养素发挥保健作用，比如非淀粉多糖、抗性淀粉、糖醇和低聚糖。低聚糖（如菊粉和低聚果糖）已被证明单独使用或与益生菌联合使用可显著减少由偶氮甲烷（AOM）诱发的结肠异常隐窝病灶和肿瘤。抗性淀粉已经被证明可以改善许多肠道健康指标，包括增加丁酸盐含量。丁酸盐是一种有效的抗肿瘤药物，通过调节基因表达、抑制细胞生长和促进分化、增加组蛋白乙酰化和诱导凋亡等多种可能机制发挥抗肿瘤作用。膳食纤维发酵过程中产生的其他因素也可能与抑制癌细胞有关。这种发酵活性和短链脂肪酸可通过对结肠上皮细胞的紧密连接等的开放影响来提高阳离子（如钙和镁）的利用率和吸收率，这也有助于癌症的预防。

全谷物中其他具有抗癌作用的成分包括植物甾醇、酚类、二甲氧基苯醌、植酸盐和硒。植酸盐（六磷酸肌醇）作为一种抗氧化剂有着重要的影响，它可以锁住矿物质和微量元素，避免脂肪等产生自由基。单宁/酚类物质大量存在于谷物的外层。它们可以作为抗生素或抗氧化剂，它们有蛋白质结合作用，也可作为抗癌药物有效使用。一些植物化学元素可以抑制 DNA 损伤及癌细胞的增长。谷物膳食纤维还可以增加粪便的体积，具有通便作用，因此可以减少粪便中诱导有机体突变的物质与肠道上皮细胞相互作用（Jacobs et al.，1998）。

总之，全谷类食品有许多方法可以帮助预防癌症，这些方法已经被积极地研究和阐明，特别是在结肠癌方面。流行病学观察表明，全谷物消费具有显著的保护作用。有充分的理由将它们纳入促进健康/预防癌症的饮食中。

24. 热处理加工对全谷物的营养品质造成哪些损失？

许多的谷物食品需要经过一个热处理加工过程。热处理将对食品营养元素，尤其是有机化合物产生影响。矿物元素在热处理过程中较为稳定。煮制热加工可损失约 40％的 B 族维生素，烘焙加工除了叶酸损失较多外，营养成分的损失总体较低。非酶促褐变是粮食热加工过程中发生的一个重要变化，这将导致赖氨酸等的损失，降低蛋白质品质。同时会形成一些具有抗氧化活性的中间物质。热处理会使淀粉糊化，可提高其消化性，还可以促使形成抗性淀粉。另外，热处理过程还会导致一些大分子之间的相互作用，如直链淀粉-脂类复合物的形成等。近年来瑞典科学家发现焙烤淀粉基食品时会产生丙烯酰胺。该物质广泛存在于煎炸食品、烘焙食品等粮食食品中。也有认为该物质是一个"可能的致癌物质"。但是根据目前科学界的数据，并没有确定食品中丙烯酰胺的含量水平与癌症危险之间的关系。英国的食品标准机构也建议人们不要改变目前的膳食与烹煮方法。

25. 全谷物食品发芽过程中营养品质会发生哪些变化?

发芽包括再水化, 使用保留的物质 (蛋白质、碳水化合物和脂类) 形成新的结构, 如膜和细胞壁。此外还需要合成氨基酸、核苷酸、有机酸和糖, 以在生长过程中产生新的细胞和组织, 使幼苗得以生长自养。发芽是一个很好的过程, 可以获得具有高营养价值和抗氧化能力的功能性食品。种子萌发过程会使种子产生巨大的营养变化, 蛋白质质量提高, 脂肪含量降低 (通过脂肪酶活性的存在), 改变多不饱和脂肪酸中残留的脂类, 增加矿物质和维生素的生物利用度, 以及减少抗营养因子 (植酸盐、胰蛋白酶抑制剂)、风味及感官品质改善等变化。淀粉酶活性激增, 淀粉等多糖迅速分解, 生成大量还原糖, 如大麦发芽过程中, 还原糖含量可上升 2.78%~14.36%, 从而导致发芽大麦粉中有较强甜味。糙米等大部分谷物在适宜的环境下发芽后, 胚乳中淀粉会快速向还原糖转变。

26. 全谷物发酵过程中营养品质会发生哪些变化?

谷物发酵过程中微生物的代谢活动与谷物成分相互作用, 乳酸菌产生的乳酸和乙酸通常使 pH 降到 5 以下, 酵母菌产生二氧化碳和乙醇, 酵母菌和乳酸菌的交互作用对酸面团的代谢起到了重要作用。发酵过程中不断变化的条件可激活酶的活性, 通过调节 pH 可选择性地增强某些酶的活性, 如淀粉酶、蛋白酶、半纤维素酶和植酸酶等。诱导酶的改变以及微生物的代谢使谷物发酵食品具有良好的营养价值和食用品质。

为了提高含麸皮面包的感官品质、降解如植酸等抗营养因子以及提高矿物质的生物利用率, 对小麦和黑麦的麸皮进行发酵是麸皮有效的预处理方法。用酵母和乳酸菌预发酵麸皮可增加面包体积和提升贮藏过程中面包屑的柔软度。

三、全谷物加工技术问答

1. 什么是全谷物加工技术？

全谷物加工是在谷物完整保留皮层的情况下，采用传统或现代加工技术进行精准碾磨、稳定化（杀菌钝酶）、仿生、休眠等食品加工及保鲜保质技术进行处理，最大限度保留原谷物全部天然营养的完整籽粒及食品的技术。最终产品包含糊粉层、亚糊粉层、胚芽和胚乳四部分，同时不易被微生物侵蚀分解、氧化，达到长期储存的目的。

根据加工类型的差异，全谷物食品主要分为两大类，分别是传统主食类全谷物食品和即食类全谷物食品。传统主食类全谷物食品以家庭制作或者小规模的作坊生产为主，规模较小，地域性较强。即食类全谷物食品具有食用方便、营养丰富、口感良好等特点，消费市场良好。该类食品目前多见于早餐类食品。

2. 与普通谷物加工技术相比，全谷物加工技术有什么不同？

普通谷物加工是将谷物原料经过清洗、脱壳（有壳谷物）、碾磨和抛光等工艺加工得到的谷物原料的加工方法，此类加工过程中脱去了谷物中的谷壳和皮层（麸层），得到了精制谷物。如稻谷通过清理、砻谷、碾米和抛光等工艺后得到的就是日常所食用的精制大米。

　　与普通谷物加工相比，全谷物加工过程中仅脱去种子外面的谷壳，而没有碾磨工艺，完整保留有谷物种子的皮层和胚乳。但大部分谷物的皮层和胚乳中含有丰富的油脂类物质和生物酶，常温储藏下极易发生氧化哈败现象，即俗称的"哈喇味"，产品营养和感官品质均大幅下降，这导致了全谷物原料的储藏期短的情况。因此，对于全谷物原料，在脱壳后通常要经过一道稳定化加工技术，才能有效防止谷物原料的氧化变质，避免营养和感官品质快速下降。

3. 我国常见的传统全谷物加工制品有哪些？

　　传统全谷物食品主要是以糙米和全麦加工制成的主食类食品，产品类型包括糙米饭、糙米米粉（米线）、糙米发糕、全麦馒头、全麦面条和全麦包子、饼等。此类产品分布具有较强的"南米北面"的地域特点，但目前整体消费量较少，约占白米白面类主食 10%。此外，在我国西部高寒地带如内蒙古、陕西、山西、西藏、青海及四川、云南、河北的部分地区，主要食用以燕麦、荞麦、青稞等全谷物为原料加工的特色主食，常见的有燕麦类主食如饸饹、拿糕、饺子等；荞麦类主食如栲栳栳等；青稞类主食如糌粑等。如今这些特色主食不仅成为当地人的主食产品，而且已经成为全国各地热销和喜爱的特色名牌产品。

4. 我国常见的即食全谷物加工制品有哪些？

　　即食类全谷物食品是近年来随着国内居民消费水平提高和现代营养、便捷消费趋势结合而生的一类全谷物食品。这种类型产品无须再进行加工处理，开袋即可食用，符合现代快节奏的生活方式，备受现代消费者喜爱。我国常见的即食类全谷物食品主要有三类：第一类是熟化的谷物片/粒/粉。如炒制糙米或糙米粉、膨化玉米、燕麦类片/颗粒和即食谷物粉等。第二类是休闲类全谷物食品。采用膨化技术将产品加工成各种形状，产品酥脆可口，风味浓郁。以一种或多种普通全谷物为基料，同时辅助糖、脂肪、风味调节剂等多种配料加工而成的谷物食品。通常谷物中会搭配各色水果、坚果等辅料加工成混合型谷物，赋予产品更好口感和营养。第三类是方便全谷物主食品。采用现代加工技术，将传统全谷物主食品加工成即食产品，如即食糙米饭、即食全麦和即食糙米粥等，实现全谷物食品便捷性和口感的大幅提升。

5. 西方常见的全谷物加工制品有哪些？

西方常见的全谷物加工制品主要分为两类，第一类是主食类全谷物食品，第二类是方便或即食类休闲食品。有90%的稻米生产、消费集中在亚洲地区，因此西方主食类全谷物食品主要是以全麦类、杂粮类（如燕麦、藜麦、杂豆类等）食品为主。产品形式以焙烤类居多，如全麦面包、全麦饼和全麦糕点等为主。相比中国，西方国家特别是欧洲国家、加拿大、美国等，全麦等全谷物食品在谷物类食品中比例较高，通常占30%～50%。

在西方国家中，即食类全谷物食品以膨化谷物类产品居多，常见有实心和空心两种形式，形状类型丰富。较常见的全谷物种类有玉米、燕麦、黑麦和其他杂粮等，产品形式有膨化玉米片和膨化燕麦片等。西方即食类全谷物食品中很少为单一谷物原料，通常会添加糖、脂肪类（黄油、奶油、奶酪等）调味料，或者各色水果干和坚果等。这种产品主要作为早餐类食品，与牛奶、果汁等搭配进行消费，或作为休闲类全谷物产品消费。

6. 全谷物加工对原料的品质特性一般有什么要求？

谷物原料的品质特性通常分为理化品质、营养品质、加工品质和质量安全品质四类。与普通谷物加工相比，全谷物加工对原料品质特性的要求基本一致，但对原料的加工品质和质量安全品质指标有更高要求。以全麦粉为例，麸皮和胚芽在全麦粉中占比为 $20\%\sim30\%$，这严重弱化了面团中面筋的形成能力。对于筋力要求较高的全麦食品，如全麦面包、酥性全麦饼干等食品加工时，需要选择蛋白质含量更高、筋力更强的原料品种。此外，全麦籽粒皮层的洁净度较低，容易出现微生物、农药残留和真菌毒素含量等指标超标问题，质量和安全品质难以保障，因此加工中对全麦粉原料的质量安全指标的要求相对普通面粉要求更加严格，小麦全籽粒的洁净度和农残指标要合乎标准规定。

7. 全谷物加工中通常会对原料采取哪些清洁处理措施？

谷物在种植、收割、堆晒、干燥、运输和储藏等环节，不可避免地会混入各种杂质。常见的杂质有泥沙、玻璃碴、煤渣、砖瓦、金属物等外来物，也有根茎叶、颖壳、绳头、野生植物种子、鼠雀粪、虫尸等杂质，或无食用价值的生芽、病斑和变质的谷物粒等。这些外来物增大原料重量和体积、增加运输和保管成本，并严重影响食品的储藏和加工安全性。

全谷物原料的清洁与普通谷物清洁工艺一样。通常采用振动筛分机分离原料中泥灰、碎块、绳头等重杂质，同时配备风选机吹去谷物中的秸秆、芒、绒毛、糠粉和瘪谷等轻杂质；再采用去石机去掉谷物中砖石、泥块、玻璃碴、煤渣等较重的杂质并用磁选机除去谷物加工中混入的铁钉、螺丝、垫圈等各种金属物质。去除谷物中外来杂质后，再对谷物原料表面进行清洁化处理，主要是对表面沾有的灰尘和少量绒毛进行清洁，进一步提高全谷物籽粒洁净度。

8. 全谷物原料为何通常要进行稳定化预处理？

全谷物中脂类物质含量高，储藏期间容易与氧、光等接触发生氧化反应，导致产品产生"哈喇味"，严重影响感官品质，缩短储藏期；脂类氧化作用会使蛋白质中氨基酸功能降低，营养品质下降。同时，全谷物中含有多种活性酶物质，这些酶会加速一些不良反应，如淀粉酶促进碳水化合物降解，过氧化物酶和多酚氧化酶导致酶促褐变加剧等，影响产品的质地和感官品质，这对加工产生极大不良影响。原料皮层的微生物超标也直接影响产品的质量安全。稳定化预处理的目的就是要通过高温热处理技术，钝化原料中活性的酶系，将谷物原料中微生物降低到安全水平以下，最大程度抑制脂质氧化等不良反应发生。因此，全谷物原料必须要进行稳定化预处理，才能达到长期储藏和保证产品营养、产品感官品质的目的。

9. 目前在生产中推广应用的全谷物稳定化热处理的手段有哪些？

高温热处理是目前全谷物食品生产中稳定化处理的主要手段。酶是一种蛋白质，高温热处理能有效改变其高级结构，使其丧失活性，从而抑制残存酶的不良催化反应；同时还可破坏原料皮层中的细菌、霉菌等微生物赖以滋生的环境。按照处理方式类型，高温热处理技术可以分为干热处理和湿热处理两种加工方式。热风干燥是最常见的干热处理手段，如热风烘干和高温炒制等，加工设备简单，稳定化效果好，但加工规模不大；随着加工设备不断更新，陆续出现喷动床加热、流化床加热等高温处理技术，工业化程度高，加工规模大。高温湿热技术也是常用的热处理技术，如常压蒸煮、高温蒸煮等，具有良好的杀菌钝酶效果，但需要进一步烘干。近年来涌现出不少新型热处理技术，如红外加热技术、微波加热技术、挤压重组技术、过热蒸汽技术等，这些技术加热效率高，自动化程度高，也被广泛应用在食品加工业。

10. 红外加热稳定化处理的技术原理与核心工艺是怎样的?

红外加热稳定化处理的原理主要是利用辐射传热技术。当红外线的发射频率和被干燥物料中分子运动的固有频率相匹配时,会引起物料中的分子强烈震动,在物料内部发生激烈摩擦产生热量,最终达到干燥的目的。产生的热量能够钝化全谷物原料中的脂肪酶和脂肪氧合酶活性,减缓脂类物质的氧化酸败,从而达到稳定化的效果。

红外加热技术的核心工艺是红外处理时间和被加热物体(谷物原料)的吸收程度,处理时间越长,物料吸收率越高,热处理效果越好。该技术对微生物也具有良好的杀灭效果,延长全谷物的货架期限。需要注意的是,红外烘烤过程中需要控制原料的水分含量,水分低于12%时不能杀灭脂肪酶,达到18%时即使采用普通烘烤也可以有效抑制脂肪酶活性。

11. 微波加热稳定化处理的技术原理与核心工艺是怎样的?

微波加热稳定化处理的工作原理是依靠微波透入物料内,与物料极性分子间相互作用而转化为热能,使物料内各部分在同一瞬间获得热量而升温。微波电磁场对物料的作用主要是微波热效应和非热效应的结合。微波能量转化为介质内的热量具有即时性和能量利用率高等特点。

微波稳定化处理技术的核心工艺参数主要是微波功率和物料初始含水量。加工时需对物体进行较高功率和较长时间的微波处理,使物料充分吸收微波的能量,并转化为足够的热能来发挥杀菌钝酶的功效。物料在微波处理前必须经过调质,通常水分含量不低于18%,微波过程中需防止物料过分脱水而导致原料爆粒或空粒。

12. 过热蒸汽稳定化处理的技术原理与核心工艺是怎样的？

过热蒸汽又称为过饱和水蒸气，是饱和蒸汽在常压下加热时，温度持续升高而产生的温度高于水沸点的蒸汽。过热蒸汽稳定化处理技术是一种新型的食品热加工技术。近年来，过热蒸汽技术主要用于干燥，具有体积小、产品质量好、环保节能等特点，过热蒸汽中不含氧气，可以避免物料发生氧化和燃烧反应，没有表面结壳现象，可以得到质量较好的产品。现已有产业化装备及配套生产线。但过热蒸汽设备所需投资大，介质温度较高，不适宜热敏性物料。近年来发现过热蒸汽对于粮食类稳定化预处理效果很好；目前我国正在研究过热蒸汽设备产业化的问题。

过热蒸汽技术的核心工艺是介质饱和度，如果介质饱和度不够或温度达不到时，则需要延长热处理时间，但最终物料容易表面结露，产品质量下降且不利于长期储存。根据处理物料的特性和处理量，调节过热蒸汽量，保证介质饱和度水平，是物料品质和货架期保证的重要环节。

13. 挤压技术在全谷物加工中的应用情况如何？

挤压是目前全谷物食品加工中最常用的技术手段，可以帮助实现集输送、搅拌、混合、破碎、蒸煮、杀菌、加压成型等操作于一体，实现连续生产。挤压工艺是全谷物食品整个生产流程中最关键的环节，直接影响产品的质感和口感。生产的产品主要有直接膨化全谷物食品和非直接膨化型产品。全谷物物料在经过水分、高温、机械剪切、压力等综合作用后，物料从原先设计的模孔中挤出，根据挤压参数的不同，可以成型为直接膨化产品和非直接膨化产品，再由紧贴模孔的旋转刀具进行切割，直接成形或整形机整形后制得长度一致、粗细厚度均匀的产品。模具设计可以多样化，可以生产卷、饼、粒、球、片等多种膨化形状，产品类型丰富多样，备受消费者喜爱。

14. 相比于其他技术，挤压技术进行全谷物食品加工的优势是什么？

挤压是将一定含水量的谷物原料在挤压机内糊化并挤压成型，在挤压工艺中粉团的糊化和成型连续完成，物料受热均匀，温度可调节，滞留时间较短，降低了谷物熟化加工的时间，提高了自动化程度。谷物的挤压工艺一般是通过螺杆挤压机来完成，将原料置于挤压机中，在挤压机高温高压的条件下，借助螺杆的推力使原料向前运动通过最终的磨具挤压成型，原料在挤压机腔体内混合搅拌均匀，同时受到摩擦以及剪切力作用使得淀粉凝胶化，在淀粉、蛋白质和脂质之间形成复合物，导致产品的微观结构、化学特性以及外观形状发生变化。此外，挤压后谷物食品的消化性和方便性进一步提高。一些抗营养因子如胰蛋白酶抑制剂等在高温过程中被破坏。挤压技术还能钝化导致食品劣变的酶的活性，灭菌和去除原料中不良味道，因此挤压加工方式具有优越的加工特性。

15. 全谷物中消除抗营养因子（ANF）不良影响的加工手段通常有哪些？

谷物中对人体不利的抗营养因子（ANF）主要有植酸和单宁，摄入过多会影响人体对营养物质，特别是蛋白质的吸收和消化。谷物加工中通常会对 ANF 活性进行钝化或消除，采用的方法有物理方法（水浸泡、机械加工、热失活法、超声波失活法、微粒化处理）、化学方法（酸碱处理法、氨处理法）、生物技术法、作物育种法、控制用量等手段。目前，全谷物加工中常用方法有烘烤法、生物发酵法、添加复合酶制剂、发芽处理等，通过这些手段达到减弱或消除 ANF 的效果。但需要注意的是，加工过程中要控制具体的工艺参数，既要保证工艺的强度能有效消除ANF 的负面效应，同时防止强度过高（如过度加热）对营养和风味的破坏降解。同时，全谷物中 ANF 种类很多，常见的有植酸、蛋白酶抑制因子等，抗营养的作用机理不尽相同。在实践中应根据实际情况，选用适当加工方式，或多种方法联合应用，达到较好的钝化或消除效果。

16. 目前世界通用的全麦粉的生产工艺有哪些？

全麦粉的制粉工艺分为直接加工和研磨回填加工两种。直接加工又称为全颗粒研磨加工，是指经清洁的整粒小麦粒经过（或不经过）热处理加工后，粉碎成粉直接制成包含籽粒麸皮、胚乳和胚芽中所有组分的全麦粉产品的技术。目前，我国大部分中小型面粉加工企业主要采用此种加工方式。研磨回填法是指仍然按照传统方法加工制备精面粉，同时将回路上的麸皮和胚芽进行收集、稳定化处理与研磨加工，对加工后的麸皮、胚芽和精面粉充分混合，获得全麦粉。目前，部分大型全麦粉加工企业，如通用磨坊等国际大型小麦加工企业都采用此种加工方式。

17. 直接加工全麦粉和回填加工全麦粉各自的特点和优势是什么？

直接加工制粉工艺流程简单，出粉率高，且生产的全麦粉容易被消费者接受，被认为更加符合全麦粉的定义。但由于小麦胚芽中富含脂肪及酶类，直接全麦研磨生产的全麦粉贮藏稳定性较差，前期必须进行严格的稳定化处理，才能达到长期储藏的效果。

研磨回填加工方法生产全麦粉时，需要注意研磨处理的麸皮、胚芽与面粉的比例要适合，即生产的全麦粉基本含有整粒小麦籽粒中的所有组分。这种制粉工艺通过分开研磨，可保证麸皮胚芽研磨更加充分，方便对麸皮与胚芽进行单独的稳定化处理，提高全麦粉的储藏稳定性，延长货架期。同时，该方法能将不同筋力的面粉与麸皮胚芽粉按照适当比例进行混合，得到具有不同加工特性的全麦粉。

18. 发芽糙米的概念和主要营养特点是什么？

糙米是一颗完整、有生命活力的种子，置于适宜的温度、湿度和充足氧气条件下，能吸水膨胀，萌发出芽。待长出适当长度芽体（0.5～1.0mm）后干燥，所得包括芽体和带皮层胚乳的制品称为发芽糙米（Germinated brown rice，GBR）。发芽糙米能改善糙米的感官品质和风味。发芽过程中，糙米中的大量内源性酶，如淀粉酶、蛋白酶、纤维素酶和植酸酶等均被激活，促使淀粉转变为糖类，蛋白质降解为多肽和氨基酸，米饭糠味减弱，香甜味增加；粗纤维外壳被酶解软化，蒸煮方便，米饭口感得到改善；植酸降解为肌醇和磷酸，营养可吸收性提高。同时，发芽过程中还产生 γ-氨基丁酸（γ-aminobutyric acid，GABA）、阿魏酸和磷酸六肌醇盐等多种生理活性成分，特别是 GABA，是一种广泛存在的抑制性神经递质，具有镇静、抗惊厥、促进脑活化、延缓脑衰老，活化肝功能，促进睡眠，美容润肤，预防脂肪肝及肥胖症，补充人体抑制性神经递质和降血压等功效。因此，发芽过程会大幅提升糙米的营养价值，同等条件下发芽糙米的营养是普通糙米的 3～5 倍。

19. 发芽糙米的关键加工要点有哪些？

发芽糙米的加工工艺流程：原料选择→预处理→发芽→钝化→分段干燥→包装→成品，关键工艺操作要点如下。

（1）原料选择：生产发芽糙米的原料一定要选择有发芽能力的脱壳糙米，籽粒合格率＞95％。

（2）发芽：发芽是发芽糙米加工中最关键工艺，常见的有浸泡法、微量加水法和高温高湿法3种方式。浸泡法是传统发芽手段，将精选糙米原料于30～40℃水中浸泡一定时间，使糙米的水分提高至30％以上的发芽方式。浸泡法工艺简单，但发芽过程中会有部分GABA等水溶性活性成分流失到浸泡液中；取代浸泡法的有微量加水法，用少量水逐渐添加至糙米中，加水速度控制在每小时0.5％～1.2％，糙米水分缓慢提升至17％～22％。与浸泡法相比，微量加水法加工过程中GABA等水溶性成分流失少；高温高湿法即使用高温高湿的空气来提高糙米或稻谷水分。加水速度比微量加水法更小，基本上不发生爆腰，产品品质好。

（3）分段干燥：选择适宜干燥工艺和参数，最终水分含量控制到安全储藏值，同时制品具有良好的营养品质和感官品质。

20. 蒸谷米的基本概念是什么，有哪些主要特征？

蒸谷米俗称"半熟米"，是以稻谷为原料直接进行水热处理，再干燥后按照常规稻谷碾米加工方法生产的大米制品。水热处理时稻谷胚芽和皮层内所含的丰富B族维生素和无机盐等水溶性营养物质，大部分随水分渗透到胚乳内部，避免了营养流失；营养物质如维生素 B_1、维生素 B_3、钙、磷和铁等含量也高于同精度白米，营养价值更高。同时，水热处理钝化稻谷中的大部分微生物、酶和害虫，储藏过程中不易出现生虫、霉变和哈败氧化的情况，易于保存。蒸谷米还具有出饭率高、出油率高、蒸煮时间短等特点，全世界每年有1/5的稻谷加工成蒸谷米，美国、泰国和索马里等国家是蒸谷米的主要生产国。

21. 蒸谷米的关键加工要点有哪些？

蒸谷米的加工工艺流程：原粮→清理分级→浸泡→汽蒸→干

燥与冷却→砻谷→碾米→抛光→色选→包装→蒸谷米，关键工艺操作要点如下。

（1）浸泡：浸泡是保证汽蒸时稻谷淀粉熟化的必要条件，通常浸泡后水分含量要保证在30%以上。为了缩短浸泡时间和提高浸泡效果，常采用高温浸泡方式，浸泡温度应在60～70℃。有时会同时采用抽真空、加压等方式来达到更好的浸泡效果。

（2）汽蒸：汽蒸的目的就是保证稻谷中淀粉充分糊化，采用高温高压汽蒸方式，严格控制蒸汽温度、时间和均匀度，保证糊化充分又不过度；最终米粒呈现透明的蜂蜜色。

（3）干燥：通过干燥将稻谷的水分降低至安全水分（通常14%）以下，便于后期储藏和加工。目前最常见的是热风分级干燥方式，先快速将水分降低至20%以下，再缓慢干燥。分级干燥可降低稻米爆腰率，提高完整率。

（4）砻谷、碾米：砻谷和碾米是去掉稻壳和米糠，得到精米。水热和干燥处理后稻谷的颖壳开裂变脆易脱落，砻谷时必须降低脱壳机械力；而蒸谷米皮层与胚乳结合更紧密，且皮层中脂肪含量高容易粘在胚乳表面，所以碾米过程中应加强擦米工序。

22. 玉米类全谷物制品有哪些？

玉米类全谷物食品常见主要有三类：传统玉米类主食品、鲜食玉米食品和休闲类玉米食品。玉米是我国三大粮食作物之一，也是传统主食之一。玉米粉或玉米糁是目前最常见的玉米类全谷物产品，玉米糁通常用于熬粥或与米饭一起蒸煮食用，玉米粉与面粉一定比例混合后可加工成馒头、饼、饺子和面条等传统主食产品。以玉米为主料的主食，经过精加工实现了工业生产，并开始进入了家庭。采用现代高新技术、生物技术进行玉米食品加工，可为广大消费者提供可口的玉米类食品。

近年来随着冷链技术的快速发展，鲜食类玉米全谷物食品逐渐受到消费者的喜爱，常见的有速冻玉米粒、速冻玉米棒等产品，特别是甜玉米、糯玉米和彩色玉米等玉米花色食品日益丰富，被消费市场看好。玉米类休闲食品也是常见的一类即食食品，如爆米花、膨化玉米片等，通过挤压膨化技术赋予玉米蓬松、酥脆的质地和口感，深受年轻人和小孩喜爱，是一类非常具有消费潜力的休闲产品。

23. 国内市场上常见燕麦有哪些，加工工艺是怎样的？

燕麦是重要的全谷物食品之一，目前在国内市场普遍可见，常见的产品类型有燕麦粉（莜麦粉）、燕麦米和燕麦片。燕麦粉是华北北部和西北地区的传统食粮，其加工工艺：清理→洗麦→润麦→炒制→冷却→研磨制粉。除增加炒制工艺外，莜面粉加工工艺与小麦制粉工艺基本相同；燕麦粉是制作莜面食品的主要原料，在莜麦种植区的消费量非常大；燕麦米是国内其他以非莜麦为传统主食地区消费者的主要食用方式，可单独或跟大米等其他谷物复配，以米饭或粥的方式食用。燕麦米的加工工艺：清理→垄谷→碾米等。在碾米工序中，需要使用轻机精准多碾，确保燕麦米能够保留燕麦颗粒中最核心营养价值的麸皮和全胚芽，使其口感润滑、香糯，麦香怡人，可作为主食长期使用。燕麦片是燕麦籽粒通过蒸煮、压片、干燥、包装等工序加工而成的，是一种预熟化食品，具有营养美味、食用方便等特点，深受消费者欢迎。

24. 在我国燕麦主产区，常见的传统莜麦面制品的种类有哪些？

莜麦面制品是河北省张家口市、山西省北部大同盆地地区以及内蒙古土默川平原及阴山山地、乌兰察布市南部的特色传统食品。莜面加工时需要进行"三熟"加工：一是炒熟，将莜麦用清水清理干净、晒干后炒制，炒熟后再上磨加工成面粉；二是烫熟，莜面的和法是用开水烫熟和好；三是蒸熟，是把做好的莜面食品蒸熟后蘸上特制的盐汤或羊肉汤食用。目前，根据不同的加工方法将莜面分为以下三类。

（1）蒸煮类：莜面窝窝、莜面饸饹、莜面搓鱼儿、莜面饹饹、猫耳朵、莜面蒸馈垒、莜面生下鱼儿、莜面熟下鱼儿、莜面焖鱼儿、莜面拿糕、莜面糊糊、莜面山药鱼儿、磨擦擦、莜面山药丸、莜面山药饨饨、莜面蒸饺、莜面刀切片儿。

（2）焖炒类：莜面打馈垒、莜面炒面、莜麦大米饭、炒黄莜麦。

（3）焙烤类：家做莜面锅巴、莜面锅饼子、莜面火烧、莜面山药烙饼。

25. 燕麦片制品的种类有哪些，其主要加工工艺是怎样的?

市面上常见的燕麦片产品类型多样，按风味可分为原味燕麦片和调味燕麦片，按加工技术可分为蒸煮燕麦片和挤压燕麦片，按食用方式可分为普通燕麦片和速煮燕麦片。

普通燕麦片加工是将燕麦籽粒经过清理、脱壳（皮燕麦）、熟化、轧片、冷却和包装后得到的一类产品。高温蒸煮是最常用的熟化工艺。通常，这种产品需要沸水冲泡 3~5 分钟或煮制 1 分钟后食用。将燕麦籽粒进行切粒后再轧片，可增大面积，缩短冲泡时间，称为速煮燕麦片。近年来，也有采用挤压技术进行燕麦片熟化加工，挤压蒸煮加工温度高，糊化效果好，处理时间短，产品风味浓郁。后期不调味直接包装的燕麦片称为原味燕麦片，也可轧片后进行风味调配或添加矿物元素等进行风味和营养强化处理，这种被称为调味燕麦片（高浩云，等，2005）。

速溶燕麦片加工工艺与普通燕麦片差异较大，是将燕麦籽粒与一定比例水混合后进行磨浆，通过淀粉液化、糖化处理后再干燥、调配、造粒、包装等工艺加工制备而成。速溶燕麦片溶解性好，风味浓郁，食用方便，也是市面上欢迎程度较高的一类产品。

26. 常见的荞麦类全谷物制品有哪些，又是如何加工的？

荞麦分为甜荞和苦荞。市面上最常见的甜荞类食品有荞麦粉和荞麦米 2 种产品，还有少量如荞麦挂面、荞麦方便面、荞麦糊等产品。此类产品均属于初加工产品范畴，产量较低，产品营养和感官品质一般，不能完全满足人们对美味、营养和便捷的消费需求。近年来，一些生产企业陆续推出荞麦片、荞麦膨化食品（脆片、煎饼等）、荞麦烘焙食品（面包、饼干、曲奇等）和荞麦芽菜等荞麦食品。由于荞麦粉中醇溶蛋白含量低，且不含面筋，面团的弹性和延展性较差，通常需要将荞麦粉和面粉或其他谷物粉按一定比例混合以提升荞麦粉加工性能。

相比甜荞，苦荞味道略苦，但荞麦碱、黄酮和芦丁等活性成分含量更高，营养价值更好。市面上最常见的荞麦茶产品是一种将苦荞籽粒烘焙或挤压处理后制成的泡饮型产品，风味浓郁，茶汤清亮。此外，常见的苦荞类产品还有荞麦发酵制品（荞麦酒、荞麦醋）、苦荞萃取饮料和苦荞即食粉等。随着生产技术水平提高和生产设备的完善，越来越多美味、营养的荞麦食品不断涌现，也越来越能满足消费者的需求。

27. 常见的青稞类全谷物制品有哪些，又是如何加工的？

青稞是大麦属的一种禾谷类作物，别名裸大麦，是藏族人民喜爱的粮食。目前，市面上最常见的青稞类全谷物制品是糌粑。糌粑是西藏饮食的"四宝"之一，藏民的传统主食。糌粑的加工流程：原料→清杂→润麦（14%～16%）→炒制→磨粉→成品→包装→储存。传统青稞炒制是将青稞与炒热的沙子混匀后在大锅中进行翻炒，炒至青稞籽粒蓬松、爆开为止。通常炒制温度可达到 380～420℃。磨粉通常采用传统古法水磨磨粉。市面上常见的糌粑是灰白色，也有黑色糌粑，这是黑青稞磨粉制得的，其营养价值高于普通糌粑。西藏糌粑传统吃法是将糌粑与适量的温水、茶水或温牛奶混合，加入少量白糖或食盐，揉成面团状即可食用。也可将糌粑跟面粉按照一定比例混合，再进一步加工制成青稞挂面、青稞馒头等主食类食品或饼干、糕点等休闲类青稞食品。

28. 常见的谷子（小米）类全谷物制品有哪些，又是如何加工的？

小米富含碳水化合物、蛋白质、脂肪等营养素和多种维生素、矿物质等营养物质。将小米通过脱壳、碾米等手段去掉外皮，包装后直接得到商品化小米或进一步磨粉处理得到小米粉。商品化小米可直接蒸饭、煮粥，小米粉可直接或与其他谷物粉一起复配加工成小米面条、小米饼、小米馒头等主食食品，或用于酿酒、酿醋、制糖等。

近年来，市面上常见的小米类休闲食品有小米速溶粉和小米即食粉。小米速溶粉是小米籽粒经过清理、蒸煮、磨浆、调配、均质、喷雾干燥和包装等工艺制备而成。小米即食粉是将清理后的小米籽粒先磨粉、调质，再挤压加工或滚筒干燥进行熟化后进行磨粉或塑形等加工制备而成。由于小米中脂肪含量较高，容易产生哈败味，小米类全谷物食品加工中品质稳定化技术需加强研究，同时开发产品多样性、方便性等方面也需要被重点关注，也需要拓展小米全谷物食品的产业链。

29. 常见的大麦类全谷物制品有哪些，又是如何加工的？

我国大麦主要以饲用加工为主，近年来随着人们对大麦营养保健功效的逐步加深认识，大麦食品加工逐渐受到重视。常见的大麦类食品以大麦片和大麦茶居多。大麦片通常作为即食早餐食品，营养丰富，风味独特；常添加水果、坚果颗粒，或者一些微量元素等成分，制成口感美味的营养强化食品。

大麦片的工艺流程：大麦米预处理→加水→蒸煮→压片→烘干→调味→包装→成品。大麦茶是直接将大麦粒清理、调质、高温焙烤加工制得，冲泡饮用，香味浓郁，具有很好的增食欲、促消化作用。

此外，大麦类全谷物制品还有大麦芽、大麦休闲食品、大麦饮料等产品。大麦芽是大麦籽粒经过发芽干燥制备而成，分啤酒麦芽和药用麦芽，也可作为风味添加剂用于烘焙食品。大麦休闲食品是大麦粉复配其他谷物粉，再通过挤压膨化等加工、调味、干燥和包装等工艺制备成形状多样的休闲类食品。大麦类饮料常见的有发酵类饮料、大麦叶饮料等。大麦发酵类饮料是谷物原料在发酵过程中在酶的作用下淀粉、蛋白质等被水解产生的营养丰富、口感独特的一类饮料。近年来流行的大麦叶饮料主要是通过大麦叶的干燥和粉碎加工而成的一类冲泡型饮料。

30. 藜麦是一种什么作物，通常是怎样进行加工生产的？

藜麦又称南美藜、藜谷，已有 5 000 多年的种植历史，是印加土著居民的主要传统食物（孙宇星等，2017）。中国于 1987 年引种开展研究，目前在陕西、山西、青海、四川、浙江等地均有种植。藜麦是一种健康全谷物，不含麸质，低脂、低热量（3.68千卡/克）和低升糖（GI 值 35），联合国粮农组织推荐藜麦为最适宜人类的完美的全营养食品，并将 2013 年定为"国际藜麦年"。

目前藜麦主要作为主食方式食用，可与大米等直接以焖饭、熬粥等方式加工食用，或者磨粉后与面粉混合后加工成馒头、面条、烙饼，或制备各式烘焙糕点制品。值得注意的是，藜麦加工时必须去除表皮中的皂苷。目前工业上通常采用机械法去除和水洗去除两种方式，也有两者同时使用。这类商品化的藜麦通常不需要浸泡可直接用于烹饪，但对于小农贸市场或个体经营农贸店出售的藜麦，最好浸泡、多次漂洗，确保去掉表皮的皂苷再食用。

31. 市场上的全谷物冲调粉（早餐粉）是如何加工生产的?

目前市面上常见的全谷物冲调粉（早餐粉）加工方式有干法磨制技术、挤压膨化技术、辊筒干燥技术和湿法磨浆技术。

干法磨制技术是传统全谷物冲调粉的主要加工手段，将一种或多种复合的全谷物原料浸泡（或者不浸泡）后进行高温炒制；炒熟至水分含量低于安全限值后，再冷却、粉碎、调配、包装后制得冲调粉成品。市面上常见的炒黄豆粉、豌豆粉和鹰嘴豆粉等，均采用此加工方式。

随着食品加工技术不断发展，谷物冲调粉加工中也涌现出新的加工技术和设备，如挤压膨化技术和辊筒干燥技术。这两种技术的高温作用赋予谷物原料更浓郁的风味和良好的感官品质，大幅缩短熟化时间，挤压膨化技术的高压剪切作用同时也赋予谷物蓬松的组织结构。

湿法磨浆技术也是近年来谷物冲调粉加工中的应用技术，谷物原料经蒸煮、磨浆、调配、干燥、粉碎后加工得到冲调粉。湿法加工的谷物粉颗粒粒径较小且均匀，冲调后口感佳，目前市面上的小米粉等产品多采用此种方法。但湿法磨浆通常需要多道研磨，能耗较大，且加工产量偏小，不适宜大规模生产。

32. 全谷物饮料的产品种类有哪些，加工工艺是怎样的?

全谷物饮料是指以全谷物为原料，经过现代高新技术将谷物加工和调配制成可直接饮用的产品。产品充分保留了谷物中的营养成分，感官与风味均较好，食用方便，是饮料行业的新型产品和鼓励发展的重要产品类型。市面上最常见的产品类型以谷物浆类产品为主。

谷物饮料生产工艺流程：原料→清洗→预处理→过滤→调

配→均质→灭菌→包装。预处理采用磨浆工艺，通过多道磨制使
谷物颗粒变小，产品口感细滑，香味浓郁且产品稳定性好。谷物
饮料淀粉糊化后导致口感浓稠不清爽，加工时通常会添加一定量
的淀粉酶对谷物进行酶解处理，降低饮料黏度，使口感更加爽
滑、顺畅，减少产品分层、淀粉返生等现象。近年来随着对营养
健康食品的追求，发酵谷物饮料也逐渐得到发展。益生菌发酵谷
物产品兼有谷物和益生菌发酵制品的营养保健作用，这已经成为
一个新的发展方向和亮点。

33. 全谷物饮料加工过程中如何保证产品体系的稳定性？

全谷物原料中包含淀粉、油脂、蛋白和种皮等多种组分，饮
料加工和货架期易发生淀粉老化现象，导致出现凝胶、颗粒变硬
成团、回生等现象；同时容易出现种皮、蛋白沉淀和油脂上浮，
严重影响产品的稳定性和感官品质。

全谷物饮料制备过程中，谷物原料的搭配、预处理以及均质
等处理是影响饮料产品稳定性的关键因素。适宜的油脂、淀粉和
蛋白比例能缓解淀粉、蛋白的沉淀和分层现象；预处理中添加
α-淀粉酶和蛋白酶进行一定程度的水解反应，能有效解决回生和
沉淀问题；均质能提高全谷物饮料的悬浮稳定性和口感细腻度，
避免油脂上浮和大分子物质沉淀现象的产生。

34. 在全谷物加工中通过何种加工处理方式可实现含皮谷物快熟易煮？

目前，常用的加工方式有两类。第一类是采用物理加工手
段，在含皮谷物碾米工序中增加一道在谷物籽粒表面进行划痕或
针刺处理的步骤，破坏谷物外层坚硬皮层完整性，使蒸煮过程中
水分容易透过皮层缝隙进入谷物籽粒内部，使得谷物加快熟化；
第二类是预糊化处理，原料调质后开展高温预处理，使得淀粉部

分糊化变性再烘干，最后进行商品化流通。采用的技术手段有高温蒸汽处理、微波处理和过热蒸汽处理等。

35. 全麦制品存在哪些食用品质问题，如何进行加工改善？

全麦制品由于包含麸皮，导致面粉筋力弱，口感粗糙，加工的全麦面条弹性差，质地粗糙，色泽深，气味不佳。像馒头和面包此类发酵制品，麸皮的存在同时影响面团的发酵能力，最终导致产品体积小，口感坚硬。整体上全麦制品的感官品质较差，市场接受度不高。

现代微粉碎技术处理是改善全麦制品食用品质的重要加工方式。将小麦麸皮和胚芽进行粉碎至适宜的粒度能有效改善全麦制品的口感。研究发现，麸皮颗粒太大（＞600 微米），全麦面包呈现较粗糙的外壳和质构，色泽发深发暗。麸皮粒径过小，加工时均匀分散到面粉中，与面筋充分接触后破坏了面筋的网络结构，降低面团的弹性和延展性。通常将麸皮颗粒粉碎至 40～60 微米制品品质最佳。添加品质改良剂也是改善全麦制品食用品质常用加工方式，主要添加物有酶制剂、谷朊粉、乳化剂以及亲水胶体等。加入纤维素酶、氧化酶等酶制剂可以改善面团及面制品的筋力、色泽、口感等。

36. 糙米制品存在哪些食用品质问题，如何进行加工改善？

糙米米糠层含有较多的膳食纤维，导致糙米吸水性、膨胀性较差，蒸煮中阻碍水分进入淀粉层，延缓淀粉糊化，蒸煮时间长，蒸煮温度高。普通蒸煮条件下纤维素和半纤维素不宜煮烂、咀嚼有粗渣感、食感差、黏度小且颜色深。同时，糙米中的植酸含量较高，容易与微量元素结合形成金属螯合物，使这些微量元素难以被人体所吸收、利用。米糠层中含有丰富的油脂和多种活性酶，低温和低水分含量时，酶处于休眠状态。糙米吸水后，适宜温度下氧化酶被激活，导致糙米及制品生成哈败味，严重影响糙米产品食用品质。

糙米食用品质改良是借助物理、化学、生物的方法，或其中两种的结合，通过改善或破坏糙米表层结构、改变糙米表层组织成分以促进和增加糙米在浸泡时吸水性，降低糙米在蒸煮时的糊化温度。溶解或降解糙米表层中的纤维素、半纤维素和果胶等物质以改善糙米蒸煮后的口感、食用品质和提高糙米的营养价值。

37. 鲜食全谷物的概念是什么，产品类型都有哪些？

鲜食全谷物是一类不经过破碎、研磨，通过采用现代加工技术进行谷物整粒加工和低温冷藏保鲜技术，最大程度保留其营养成分和生物活性物质的全谷物食品，常见的有鲜玉米、青麦仁等谷物。通常为了保证产品的鲜嫩口感和质地，通常需要在胚乳成熟期前采摘。

鲜食类全谷物食品主要分为两类：一是速冻类鲜食全谷物食品，将新鲜或煮熟的全谷物籽粒在低温下进行快速冷冻加工，包装后置于−18℃下进行贮藏和销售，产品在6～8个月内保持其原有风味。常见的有速冻玉米粒和速冻谷物籽粒等。速冻技术冻结快速，冰晶体积小，对植物细胞损伤少，较好地保证了鲜食谷物良好的质地、外观和口感，使其营养价值高。为保证加工时产品的色泽和口感，速冻前通常需要对全谷物进行钝酶处理。二是鲜食类全谷物罐头食品，以新鲜谷物籽粒为原料，经过预煮（烫漂）、调味、罐装密封、杀菌等工序制成的罐头类食品。这类产品是市场上广受消费者欢迎的一类新型鲜食保鲜产品，常见的有金属罐和软包装两种，谷物原料以玉米粒、青麦仁等原料居多。

为保证鲜食类全谷物食品具有良好质量，原料选取尤为重要，要选择乳熟前期及时采收的谷物，预煮糊化环节时尽可能利用高温（115～125℃）、短时间处理。后期杀菌过程中尽量控制内容物受热的时间，最大限度地保持鲜食谷物的风味和营养价值。

38. 目前全谷物食品加工存在的技术难点和问题有哪些？

全谷物食品的加工技术难点和问题主要集中在 4 个方面：（1）全谷物原料的货架期和食用品质保持问题。糙米、燕麦、小米等全谷物原料中脂肪含量较高，籽粒或破碎后容易被氧化产生"油哈味"，从而影响产品货架期和食用品质。（2）全谷物食品适口性差的问题。全谷物皮层中大量的膳食纤维、木质素等导致全谷物食品口感粗糙，食用品质差。（3）全谷物食品面筋力较弱的问题。全谷物食品加工中，皮层粉会弱化面筋可塑性，面团的延展性和拉伸强度减弱，导致面团成型难度增大，加工性能受到影响。（4）食用便捷性不高的问题。全谷物在加工过程中蒸煮时间较长，费时费力，食用不方便。

39. 全谷物食品品质改善的加工手段或技术有哪些？

相对普通谷物食品，全谷物食品由于保留了原料籽粒种皮，质地偏硬，咀嚼渣感较重，糠味较重，风味较差。全谷物食品加工时，常会采用一些加工手段，来改善产品质地和口感，提升产品的感官品质。目前，全谷物食品的加工品质提升技术主要有物理法和生物法。

物理法常用的是碾削技术，原料加工时对谷物皮层进行轻度碾磨或切削，使表面形成深且细的裂缝，此法可缩短全谷物的蒸煮时间，改善产品的食用品质。或采用皮层微粒化技术，通过降低皮层纤维的粒度来改善产品的粗糙质地。同时，近年来涌现的新型高温熟化技术，如微波膨化技术、挤压膨化技术，通过高温和高强度机械力有效解决脂肪氧化、面筋形成力差、淀粉易回生的问题，提升了产品风味，提高食用品质。

生物法主要是酶法，依靠添加的纤维素酶、淀粉酶等外源酶的降解作用，来改善产品的粗糙感、淀粉易回生的情况。也有采用微生物发酵法，利用微生物产生的纤维素酶系、淀粉酶系、果胶酶系等对表层进行部分降解，提高全谷物的品质。

40. 全谷物食品加工业总体发展趋势是怎样的？

全谷物食品具有良好的营养和健康功能，随着消费者对全谷物食品的认知加深和逐步认可，食用全谷物产品必将成为越来越多消费者的健康习惯和潮流。目前，全谷物初加工产品在谷物初加工产品中比例仍然偏低，尚未形成大规模化和工业化加工，但作为全谷物食品的基础产业，全谷物类初加工将会得到大力发展，全谷物资源得到有效地综合利用。随着新型加工技术不断涌现，全谷物食品的食用品质得以改善，产品类型日益丰富，主食类、休闲类全谷物食品将成为全谷物食品主要产品形式，为消费者提供口感、质地优良，货架期稳定的全谷物食品。政府及科技管理部门也将加大对全谷物食品研究开发方面的政策和经费支持，开展全谷物食品消费方面的政策指导，制定相应的全谷物食品标准、标签规范。

四、 全谷物质量安全问答

1. 全谷物食品的质量安全包括哪些内容？

全谷物的质量安全是指一个单位范畴（国家、地区或家庭）从生产或提供的食品中获得营养充足、卫生安全的食品消费以满足其正常生理和心理需要。食品的安全性是指有损于消费者健康的急性或慢性危害，没有协商余地；食品的质量则主要涉及食品的使用价值，包括颜色、质地、风味、营养等。

通常，质量安全包括食用品质、营养品质、卫生指标、感官品质和储藏品质等方面。食用品质是指食用者在食用过程中能感觉到的或对食用者健康产生影响的部分。营养品质是指蛋白质、脂肪、氨基酸、淀粉、维生素和矿物质元素等营养成分的含量和质量。卫生指标是指包括微生物指标在内的与卫生安全有关的指标。感官品质是指借助视觉、嗅觉、触觉和味觉来确定全谷物的质量品质。储藏品质是指判定在安全水分条件下正常储存的无污染谷物宜存、轻度不宜存、重度不宜存等品质。

2. 影响全谷物质量安全的有害物质有哪些？

全谷物在人类和动物饮食中具有重要的作用和意义。但是由于全谷物食品原料加工程度较低，因此它们对消费者来说是一个重要的风险来源。其中可能对人体产生危害的因素包括：（1）植物毒素。从安全的角度来看，谷物中最重要的化合物是单宁酸和植酸盐。除此之外，植物还能产生对人类健康有一定毒性的次生代谢物。它们几乎存在于所有的谷物品种中，但其浓度和功能在不同物种、不同品种上可能有所不同。（2）重金属。重金属是世界公认的食品中的化学污染物。根据欧洲食品安全局 2014 年的报告，在金属中，砷和镉是谷物作物中的重要污染物，它们从谷物制品中被人类从食物摄入比人类直接接触砷的影响更大。（3）霉菌毒素。霉菌毒素是谷物中众所周知的有毒化合物。除了与健康有关的问题之外，这些化合物还会造成巨大的经济损失。谷物及其制品在生产、加工、运输、储藏和销售等过程中都会受到霉菌的污染，只有通过有效的防控措施，才能减少谷物中霉菌毒素的污染。

3. 全谷物原料中真菌毒素的控制策略有哪些?

全谷物原料中真菌毒素主要有黄曲霉毒素、赭曲霉素、杂色曲霉毒素、单端孢霉烯族类化合物、玉米赤霉烯酮等，是镰刀菌属、曲霉菌属和青霉菌属的次生代谢产物，对食品和饲料安全具有重要的影响。由于真菌毒素在谷物中广泛存在并且真菌感染呈上升趋势，全球监管机构已制定法规以及食品安全的指南。原料的控制是至关重要的基本手段：田间生长期是全谷物原料预防真菌毒素污染的重要环节。通过选育高抗黄曲霉毒素等积累的新谷物品种是控制原料真菌毒素有效措施之一，同时加强田间管理，及时开展病虫害防治，可减小作物受感染概率。此外，收获后的储藏期管理也是预防真菌毒素感染的重要环节：收获后应尽快干燥、储藏库通风、保持适宜的温度和湿度。在食品加工中实施减少毒素感染的策略也是整体管理的重要组成部分。保持良好生产规范（GMP）和危害分析（HAC-CP）是谷物真菌毒素安全管理的重要策略，需要在整个食品加工链中采用这种预防手段和方法。通过审核或检查（内部或外部）进行验证的方法已被广泛应用于谷物行业中，能有效地控制真菌毒素的感染，保证了食品的质量安全。

4. 国内关于全谷物质量安全的规定是怎样的？

有关全谷物质量安全的规定主要是参照谷物质量安全的相关规定。首先，中华人民共和国农业行业标准《农产品质量安全追溯操作规程 谷物》中，对谷物质量安全追溯的术语和定义、要求、信息采集、信息管理、编码方法、追溯标识、系统运行自检和质量安全应急等进行了规定。规程中规定了种植环节中产地编码、种植者编码、收获者编码；加工环节中的收购批次编码、加工批次编码、包装批次编码、分包设施编码、分包批次编码；储运环节中的储藏设施编码、储藏批次编码、运输设施编码；销售环节中出库批次编码、销售编码等各种编码方法。其次，对产地信息、原料储藏信息、加工包装信息、产品储藏信息、产品运输信息、产品销售信息、产品检测信息进行信息采集，并对信息存储、信息传输、信息查询进行管理。最后对追溯标识、体系运行自查以及质量安全应急进行了规定。

5. 国内有关全麦粉的标准或质量控制指标有哪些？

我国全麦粉标准（LS/T 3244—2015）是 2015 年正式发布的，主要对全麦粉的定义、术语、质量要求、检验方法及规则、标识、包装、储运和销售要求等提出了规定。该标准的制定对规范我国全麦粉的生产及品质指标，提升我国全麦粉产品质量具有非常重要的意义。具体规定如下：

（1）规定了全麦粉的定义：以整粒小麦为原料，经制粉工艺制成的，且小麦胚乳、胚芽与麸皮的相对比例与天然完整颖果基本一致的小麦全粉。

（2）对一些质量指标进行了规定，具体见表4-1。

表4-1 全麦粉质量指标

项　目	指　标
外观	色泽正常，无异物
气味	正常，无哈味、霉变等异味
水分含量/%	≤13.5
灰分含量（以干基计）/%	≤2.2
总膳食纤维含量（以干基计）/%	≥9.0
烷基间苯二酚含量/（微克/克）	≥200
脂肪酸值（以干基KOH计）/（10^{-2}微克/克）	≤116
含砂量/%	≤0.02
磁性金属物含量/（微克/千克）	≤0.003

6. 国内有关糙米的标准或质量控制指标有哪些？

我国糙米的国家标准（GB/T 18810—2002）于2002年由国家粮食局提出并正式发布，主要对糙米的分类、定义、质量要求、检验方法及包装、运输和储存要求做出了规定。该标准适用于我国购销、储存、运输、加工和出口的商品糙米，对规范我国糙米生产及质量品质指标具有重要的意义。具体规定如下：

（1）规定了糙米、早籼糙米、晚籼糙米、粳糙米、籼糯糙米、粳糯糙米、容重、整精米、糙米整精米率、不完善粒、杂质和黄粒米的定义。

（2）将糙米分为5类，分别是早籼糙米、晚籼糙米、粳糙米、籼糯糙米和粳糯糙米。

（3）对糙米的一些质量指标进行了规定，具体见表4-2。

表 4 - 2　糙米质量指标

等级	容重/（克/升）	糙米整精米率/%	杂质/%	不完善粒/% 总量	其中：霉变粒	水分/%	稻谷粒粒/kg	黄粒米/%	混入其他类糙米/%	色泽气味
1	≥780	≥70.0								
2	≥760	≥67.0								
3	≥740	≥64.0	≤0.5	≤7.0	≤1.0	≤14.0	≤40	≤1.0	≤5.0	正常
4	≥720	≥61.0								
5	≥700	≥58.0								

7. 发芽糙米标准或质量控制指标有哪些?

　　我国目前尚未有发芽糙米的国家或行业标准，目前只有 2013 年颁布的一个地方标准，是江苏省质量技术监督局《发芽糙米通用规范》（DB32/T 2309—2013），该标准规定了发芽糙米生产的场地、设备和人员基本要求，以及原辅料、生产工艺与技术、产品包装、产品质量、成品贮藏以及生产档案等要求。其他还有一些企业标准。

　　日本的发芽玄米协会制定了发芽糙米的品质标准，该标准中对发芽糙米的有关规定指标见表 4 - 3。

表 4 - 3　发芽糙米品质指标

项　目	品质标准
γ-氨基丁酸	0.15 毫克/克左右
外观	呈糙米的颜色、米粒形状良好
风味	具有糙米特有的风味，无异味、异臭；
异味	无异味谷粒，无异杂物
一般生菌数	≤1×10⁴个/克

（续）

项　目	品质标准
耐热性芽孢菌数	≤300 个/克
大肠菌	阴性
黄色葡萄球菌	阴性
镉	≤0.4×10⁻⁶

8. 食用变质的全谷物及其制品可能存在哪些危害？

全谷物制品的腐败变质其实是食品中碳水化合物、蛋白质和脂肪等成分在微生物、酶和其他环境因素作用下分解、破坏，降低或失去食用价值的过程。食用变质的全谷物可能存在急性、慢性中毒或者其他潜在的危害。一般情况下，食用腐败变质的全谷物及制品会引起急性中毒，轻者多出现急性胃肠炎的症状，如伴随呕吐、恶心、头晕、痉挛、腹痛、腹泻、发烧等症状，经及时治疗可恢复健康；重者可能会对人体的呼吸、循环、神经等系统产生危害，抢救及时可转危为安；如果贻误时机可能会危及生命，造成急性中毒死亡。也有部分变质的全谷物制品中有毒物质含量较少，或者毒性作用并不强，并不引起急性中毒现象。但是，如果人体长期食用变质的全谷物制品，往往会造成慢性中毒，甚至可能致癌、致畸、致突变等。由此可见，腐败变质、霉变的全谷物及其制品具有较为严重的潜在危害，损害人体健康，必须引起重视。

9. 变质后的全谷物食品的危害能通过加热消除吗？

变质后全谷物食品的危害主要来自微生物污染、真菌毒素产生和营养风味变质 3 个方面：（1）微生物污染。微生物污染是导致全谷物食品变质的最主要的因素。除了常见细菌和主要致病菌外，全谷物食品中丰富的碳水化合物也会导致霉菌污染。高温加工虽然能有效杀灭微生物，但对于耐高温菌如芽孢菌，普通的加热处理并不能完全杀灭，一旦条件适合时，残存的微生物将会迅速繁殖，导致食物进一步变质。（2）真菌毒素污染。霉菌生长过程中产生大量毒素，霉菌中的黄曲霉菌会产生黄曲霉毒素，普通加热处理并不能将毒素完全分解或消除。（3）营养风味变质。营养风味变质主要表现有全谷物食品中碳水化合物发酵导致的营养物质减少、发酸、醇和气体变化，油脂氧化发生的酸败、发黏等现象。通过加热处理能减少食品的不良风味，但通常无法完全消除。同时，营养损失也无法通过加热得到缓解和改善。因此，变质的全谷物食品的危害是不能通过加热处理彻底消除的，一定要及时丢弃，不要再食用。

10. 哈败的全谷物及其制品是否存在安全隐患？

哈败后的全谷物及其制品同样存在安全隐患。哈败现象主要是油脂的酸败。首先是味道变劣，产生刺喉辛辣味。油脂酸败过程中，维生素 A、维生素 D、维生素 E 被氧化，B 族维生素摄入量受限，亚油酸、亚麻酸等遭到破坏。大量或长期食用油脂酸败后的全谷物及制品可能引起脂溶性维生素、核黄素以及必需脂肪酸的缺失。生成的过氧化物可与赖氨酸之间发生交联作用，降低蛋白质的生物效价以及阻碍消化酶的消化作用。其次，食用哈败后全谷物及其制品可引起中毒，出现恶心、呕吐、腹泻等症状，重者可出现急性呼吸、循环功能衰竭等现象。生成的过氧化自由基，可激活酪氨酸氧化酶或直接催化酪氨酸产生黑色素，食用酸败油脂的全谷物及其制品会导致黑色素的积累，从而导致机体衰老。酸败全谷物及其制品中的过氧化物可以诱发细胞膜和细胞器上的磷脂过氧化，使细胞电子传导发生障碍，阻碍细胞呼吸的进行，导致动脉粥样硬化、心脑血管阻塞性病症发生。

11. 辐照技术对全谷物的安全性有影响吗？

辐照食品加工技术是利用射线辐照食品以达到抑制发芽、杀虫、灭菌、调节成熟度、保持食品新鲜度和延长食品货架期的一项物理保藏技术。目前，全世界已有 42 个国家和地区批准辐照农产品和食品 240 多种，而我国辐照食品种类也高达七大类 56 个品种。

卫生体系允许剂量下处理的辐照食品对食品安全性的影响甚微，对人类健康无任何实际危害。低剂量辐照处理不会导致食品中蛋白质、碳水化合物、矿物质和微量元素等营养物质损失，对人体生理、生化、致突变等指标无明显改变，对人体无毒理学损伤。联合国粮食及农业组织/世界卫生组织/国际原子能机构宣布吸收剂量在 10 千戈瑞以下的任何辐照食品都是安全的，无须做毒理学试验。通常，豆类、谷类及其制品大米、面粉、玉米糁、小米、绿豆、红豆控制生虫的辐照剂量在 0.2 千戈瑞以下。但是，高剂量辐照处理所产生的营养成分及其辐照副产物的产生问题目前没有确切文献报道进行参考，仍有待开展进一步研究。

12. 全谷物原料在仓储和运输中如何保证质量安全？

全谷物原料仓储和运输中涉及众多质量安全问题，主要包括霉变、虫害、哈败与发芽等。良好的仓储和运输环境是减少全谷物损失的关键因素。水分含量是影响全谷物原料仓储稳定性的最重要的指标。仓储和运输前必须经过干燥处理，将水分含量控制在安全贮运的理想水分条件；仓储和运输期间环境中严格要求水分含量不得高于全谷物原料的理想水分含量。储藏温度也是影响仓储稳定性的一个重要因素。由于全谷物原料是具有生命力的种子，普通的常温储藏下会导致发芽、腐败等现象，不适合全谷物原料的仓储，所以通常全谷物原料采用低温储藏、气调储藏等方式来进行仓储和运输，能有效保证全谷物原料的保质期。

此外，采用适当的杀菌方式（如稳定化处理），选择合理的产品包装形式，建立良好规范的质量安全体系，加强流通环节的控制管理，均有利于保证全谷物原料的质量安全。

13. 常见的全谷物食品的储藏方式有哪些?

按照储藏温度，全谷物食品常见的储藏方式有常温储藏和低温储藏两类，具体根据加工方式、产品包装类型和储藏期要求进行选择。

常温储藏的全谷物食品通常经过高强度杀菌处理，如罐头类食品，彻底地杀菌处理和高密封性包装环境保证该类产品在常温下具有良好的储藏性，保质期通常在 1 年以上。这类食品加工成本相对较高，如果对保质期要求不高（3～6 个月），中强度杀菌条件密封性好包装形式的全谷物食品也可达到常温储藏的要求。

低温储藏分为两类，一类是普通的低温储藏。温度范围控制在 0～6℃，这类主要适用水分含量较低的全谷物食品，如全谷物粉，保质期在 8～12 个月。另一类是冷冻储藏（＜－18℃），主要适用于鲜食类全谷物食品，储藏期通常为 0.5～1 年。后者对储藏设备和运输工具的要求较严格，储运成本高。

14. 常见的全谷物食品的包装形式有哪些?

全谷物食品最常见的包装形式是普通包装，包装材料有塑料、纸质、复合材料等，成本较低，产品保质期较短。其次是真空包装，通过将包装内空气抽走并密封，达到抑制好氧微生物生长、延缓酶促反应、减少氧化和变色等现象发生的目的。该包装形式也是近几年市面上较流行的一种包装形式，加工设备较为简单，产品体积小，保质期较长。但真空包装不适合脆度较高、有棱角的全谷物食品，且运输途中需轻拿轻放，防止包装破损后影响真空的效果。此外，充气包装也是近年来出现的一种全谷物包装形式，是在抽取真空后充入适量氮气、二氧化碳等单一或混合气体。此种包装形式不但具有真空包装的优点，还能有效防止产品的破损、变形，但对设备和包装材料要求较高，包装成本比真空包装高。

15. 糙米储藏中最常发生的质量安全问题有哪些？

（1）氧化哈败。糙米中脂类物质含量较高（3%左右），在储藏过程中脂质容易发生水解和氧化反应引起水解性酸败和氧化性酸败，造成糙米酸度增加、黏度下降，出现哈喇味、陈米臭等现象。

（2）生虫和霉变。糙米储藏期间易受真菌侵染，常见的有细小青霉、黄绿青霉、皱褶青霉、缓生青霉等，导致糙米发生霉变甚至产生真菌毒素，如黄曲霉毒素。一定温度下，糙米可能遭受害虫的侵害，储粮温度越高，害虫的繁殖速度越快，对糙米的危害也就越严重，常见害虫有米象、玉米象和印度谷蛾等。

（3）发芽。糙米本身保持有生命力，自身有强烈的呼吸作用及其他生理作用，砻谷时去除稻谷壳导致没有外保护，条件适宜时糙米容易发生发芽现象，营养成分和颗粒的质地也随之发生变化，同时也容易被真菌和害虫侵染，发生霉变生虫现象。

16. 全麦粉储藏中最常发生的质量安全问题有哪些？

（1）酸败变质。小麦籽粒磨碎成粉后颗粒小，接触面大，如果未经有效的稳定化处理，全麦粉中的脂肪类成分很容易在酶促和非酶促作用下发生水解和氧化反应，脂肪酸及其他有机酸类大幅增高，导致全麦粉出现哈败变苦现象。

（2）感染虫霉。全麦粉营养物质直接与外界接触，如果储藏环境不够洁净，或温湿度适宜情况下，容易被微生物和害虫侵染，导致全麦粉出现霉变、生虫等变质现象。

（3）结块发热。全麦粉颗粒和空隙微小，气体与热传递受到很大阻碍，造成导热性差，湿热不易散失。同时，颗粒之间摩擦力较大，长期受压时极易结块，丧失散落性。因此，全麦粉容易吸湿结块，湿度高又容易导致酸败和发热霉变等现象的产生。

17. 全谷物制品加工是否允许使用添加剂？

食品添加剂是为改善食品色、香、味等品质，以及为防腐和加工工艺的需要而加入食品中的人工合成或者天然物质。中国允许使用的食品添加剂共分为 23 大类共计 2 325 种，其中香料和天然等同香料 1 870 种，不限制用量的助剂 38 种，限定使用条件的助剂、酶制剂及其他共计 417 种。美国已有 25 000 种以上的不同添加剂应用于 20 000 种以上的食品之中，日本使用的食品添加剂约 1 100 种，欧盟使用 1 000～1 500 种食品添加剂。

相比较普通的谷物食品，全谷物制品口感较粗糙，质地偏硬，同时含有麸质导致制品风味欠佳。因此，全谷物制品加工时适当使用食品添加剂，能增强食品的营养，改善或丰富食物的色、香、味，且一定程度上能防止食品腐败变质，并延长食品货架期。因此，对于消费者来说，没有必要"谈添加剂色变"，只要加工的产品中所使用添加剂的种类和添加量合乎国家标准和规定，对于人体健康不会产生有害作用。

18. 全谷物制品加工时可以使用的添加剂有哪些？

全谷物制品加工时常用的添加剂种类较多，如全谷物馒头、面条等面制品或者饼干、面包等烘焙食品，为了改善食品的质地，增加筋力，常用的添加剂有魔芋粉、黄原胶、变性淀粉等，或碳酸氢钠等膨松剂。全谷物饮料中为了改善食品的稳定性也会添加稳定剂。燕麦、小米等全谷物食品中脂质含量丰富，添加具有抗氧化作用的添加剂能延长产品的保质期，保证产品营养，提升商品价值；香精类添加剂能减弱全谷物制品的不良风味，甜味剂能弥补全谷物食品风味寡淡的缺陷，同时防止糖分的过量摄入；食品工业用加工助剂也是全谷物食品加工常用的一类食品添加剂。

19. 全谷物制品加工时常用的加工助剂有哪些？

加工助剂是指有助于食品加工顺利进行的各种物质，与食品本身无关，如助滤、澄清、吸附、脱模、脱皮、提取溶剂等。酶制剂是全谷物制品加工中最常用的一类加工助剂。常用的酶制剂有淀粉酶、糖苷酶、葡萄糖氧化酶、葡聚糖酶、木聚糖酶、植酸酶、纤维素酶、脂肪酶等。

木聚糖酶、纤维素酶和葡聚糖酶能促进膳食纤维的溶解性，降低对口感的不利影响，同时增加烘焙食品的弹性和比容，提升全谷物烘焙食品质量；葡萄糖氧化酶具有加强增筋效果的作用；淀粉酶可以降低食品黏度，防止老化现象，获得更好的柔软度；糖苷酶和蛋白酶能改善风味和功能活性，添加植酸酶使全麦食品中植酸含量降低 40%，增加矿物质利用率。

20. 全麦粉加工过程中如何保证质量安全？

（1）严格筛选小麦籽粒原料。全麦粉中各组分比例与原小麦颗粒基本一致，主要包含胚乳、胚与麸皮 3 个部分。相对于普通小麦粉，由于小麦外层麸皮的农药残留、重金属残留、毒素污染等卫生指标问题，全麦粉制粉过程中对原料需要进行更严格的筛选工作。

（2）适度控制麸皮的粒径。麸皮粒径的大小对全麦粉的品质特性影响显著。颗粒过大（平均粒径＞500 微米）会导致全麦粉具有较高的吸水性，易吸湿生热；颗粒过小的麸皮易与面粉混合充分，导致面团形成过程中与面筋相互作用削弱面筋力。因此，需控制麸皮的粒径在适度范围内。

（3）开展稳定化处理。稳定化处理是全麦粉加工的关键工艺，未稳定化处理的全麦粉易酸败变质、生霉长虫，储藏期通常只有 2～3 个月。稳定化处理能有效钝化麸皮中活性酶活力，杀灭害虫及微生物，保证全麦粉的储存期接近普通小麦粉。常见的稳定化技术有干热处理、蒸汽加热、微波处理和挤压膨化处理等。

21. 不同加工工艺生产出的全麦粉在质量安全控制上是否存在差异？

采用直接加工技术进行全麦粉加工过程中，主要是利用高效撞击碾磨小麦颗粒进行制粉过程中产生的瞬间高温来达到杀菌灭酶的效果。而采用回填加工法进行全麦粉加工时，是将从精白面粉加工粉路中收集麸皮和胚芽先进行稳定化处理，如高温烘焙或挤压处理等，再粉碎后按照一定比例回填至精制面粉中。

因此，直接加工全麦粉和回填加工全麦粉的加工工艺中均包含稳定化处理，在保证原料、粉碎粒径等控制条件下，从质量卫生控制角度来看均具有良好的安全性。但需要注意一点，不管采用哪种加工方式，必须严格控制稳定化过程的工艺参数，确保杀菌灭酶的效果。目前，市面上大部分全麦粉是采用回填加工生产方式而制成。

22. 在全谷物原料中是否存在重金属超标现象，产生的原因是什么？

重金属是指密度大于 4.5 克/厘米^3 的一类金属元素，大约有 40 种，主要包括镉（Cd）、铬（Cr）、汞（Hg）、铅（Pb）、铜（Cu）、锌（Zn）、银（Ag）、锡（Sn）等。从毒性角度一般把砷（As）、硒（Se）和铝（Al）等也包括在内。

种植的环境是水稻、小麦、玉米等大宗粮食原料中重金属的主要来源。湖南等南方稻米主产区处于有色金属矿带是造成当地水稻重金属超标的重要原因。产地环境污染是最主要的人为因素。农业投入品质量不过关或不合理使用会加剧环境重金属的污染，如经常施用福美胂等含砷农药会明显增加土壤中砷的残留量，施用波尔多液和丙森锌则会造成土壤铜和锌的累积。同时，部分作物的高富集特性也是造成重金属超标不可忽视的因素，如水稻易富集镉元素。糙米中的镉元素主要来自水稻种植土壤中的镉，大气沉降、污水灌溉、土壤镉本底值较高、肥料和农药等化学投入品投入等均是稻米中镉元素的主要来源。

23. 如何通过加工降低糙米中镉含量进而提升产品的质量安全？

目前解决稻米镉污染问题，主要是从产业前端的土壤污染治理、低富集品种筛选、栽培灌溉技术治理等方面开展相关工作。除此之外，还可根据稻米籽粒中镉的结合机理，通过脱镉精加工技术，把稻米中富集镉部位进行去除，以达到食品安全的效果。

淀粉和蛋白质是稻谷中重要的营养物质，分别占到总营养物质的 73.34％ 和 7.89％。但淀粉仅结合了稻米中总镉的10.86％，而蛋白质却结合了总镉的 54.81％。因此，蛋白质是稻米中镉元素最重要的结合物质，浓度约为淀粉的 50 倍，其中，球蛋白对镉吸附力最强，含量最高。碾米过程中，通过适度延长碾米时间、增加碾米精度可达到有效降低镉含量的效果。研究表明，镉含量低于 0.288 毫克/千克的稻米通过碾米加工可达到大米产品标准。通过淀粉提取，米线制作、营养强化再造米等方式也是降低产品中镉含量，获得安全食品的一种有效途径。

24. 在发芽糙米的加工过程中如何控制微生物和真菌毒素超标的风险？

发芽糙米的发芽处理过程中，一定的温度和水分含量易感染微生物，导致霉变、真菌毒素超标等问题。通常加工企业会从以下两方面开展工作，以降低感染微生物的风险。

（1）控制糙米原料的卫生程度。在稻米收获前就开展种子的真菌预防工作，适时收割或提前收割可有效降低真菌毒素污染程度。同时，砻谷后获得糙米原料的水分含量要降低到安全储藏水分含量，注意储藏环境的温度和湿度，定期对堆积的糙米进行上下倒翻，避免过热、高湿现象产生，达到减小真菌毒素污染的目的。

（2）加工过程中要严格根据杀菌工艺参数执行。糙米发芽过程中主要侵染微生物是细菌，温度越高，加工时间越长，侵染细菌总数越多。最常见的杀菌工艺是使用杀菌剂和水冲洗法，前者有良好抑菌作用，但杀菌剂同时会抑制糙米出芽；后者水资源消耗大，成本高，水溶性营养成分易损耗。目前工业上常用的是物理消毒法，如紫外线杀菌技术和臭氧杀菌技术，这两种技术具有抑菌效果好、简单便捷、安全性高、生产成本低等特点，便于管理和实现自动化等优点。

25. 工业化全谷物加工过程中如何保证产品的质量安全？

工业化是一个各行各业的生产经营方式向标准化、规范化、规模化、社会化、专业化发展的过程。工业化全谷物加工，涉及产品营养功能品质控制、感官品质控制、卫生品质控制和产品货架期稳定性控制等诸多问题。要保证工业化全谷物加工过程中产品的质量安全，首先，必须突破原料产量与质量技术对产品的局限性，保证原料的标准化和稳定化，采用现代加工技术减少对加工过程中全谷物营养成分的转移，加大对安全卫生品质的提升。其次，必须建立高度完善的质量管理体系，确保食品的安全无害。食品加工中，严格按照良好作业规范（GMP）的要求进行加工，通过危害分析和关键控制点（HACCP）提升产品的质量。通过全过程的质量监控确保从原料到消费者手中的整个生产和流通过程的卫生与质量。最后，进行消费需求引导，加深消费者对全谷物食品营养健康功效的认知度，加强健康谷物消费观念引导，促进全谷物产业产品的安全营养化。

五、 全谷物消费知识问答

1. 市场上可选购的全谷物食品都有哪些?

在国内市场上,可选购的全谷物食品种类十分丰富。主要有:

(1) 主食类。全谷物粉(全麦面粉、燕麦粉、青稞面粉等);全籽粒的糙米、燕麦米、青稞米等;全麦挂面等;

(2) 谷物副食类。全麦面包;预熟化的麦片(速食麦片、燕麦麦片等);碾碎的小麦、玉米;全麦粗粒面粉(速制面食)等;

(3) 休闲食品类。全谷物膨化食品、全麦饼干等。

国外市场上典型的全谷物食品包括全麦面包、全麦通心粉、全麦意大利面、全麦细面条、全麦面粉、全麦饼干等。

2. 如何解读市场上全谷物食品的成分表?

全谷物原料比较容易辨认,比如糙米、黑米、全玉米、带皮燕麦等都是典型的全谷物原料,但是以全谷物为原料加工的食品相对难以辨认。美国全谷物协会(WGC)为了帮助消费者辨认全谷物产品,允许使用一个全谷物的标识,许多食品生产厂商都是他们的成员,这种全谷物的标识可以清楚标示每份食品的全谷物数量。我国目前尚没有统一的全谷物标识,因此选购全谷物食品时,首先应仔细查看包装和成分标签或者配料表。一些全谷物食品会在外包装上明确标示出"全谷物"的字样。另外，成分标签也是一个非常重要的信息，告诉消费者产品含有哪些成分。在全麦食品的标签上，如果表中的第一种成分是"全小麦""全麦"，那么这基本上是全麦食品；如果成分表中出现"多种谷物""100％小麦"或"麸皮"字样，则这款食品实际上可能仅含少量或不含全谷物。只有在配料表中有"全麦粉"字样，表明这是一款真正的全麦食品。

3. 如何看懂全谷物食品的营养成分标签？

检查营养成分标签时，如果列出的第一成分包含"全＋谷物名称"（例如"全麦面粉"或"全燕麦"），那么该产品很可能是全谷物；如果有两种谷物成分，但列出的第二种成分是全谷物，则该产品可能包含1％以上，49％以下的全谷物；包含多种谷物成分的标签会变得更加复杂。例如，"多谷物面包"是30％的精制面粉和70％的全谷物。但是，整个面包分为几种不同的谷物，每种谷物占不到总数的30％。成分标签可能显示为"精制面粉、全麦粉、全燕麦粉和全玉米粉等"，此时，消费者将无法从标签上分辨出全谷物占产品的70％还是7％。此外，通过膳食纤维的含量也无法判断产品是否是全谷物食品。因为膳食纤维的含量因谷物品种而异，从大米的3.5％到大麦、小麦的15％以上不等。高膳食纤维的产品有时是额外添加了麸皮或其他纤维，而实际上却没有多少谷物。膳食纤维和全谷物都被证明对健康有益，但是它们不是等同的概念。因此，检查成分标签上的纤维并不是推断产品是否为全谷物产品的可靠方法。

4. 全谷物食品是否等同于低血糖食品？

全谷物食品不等同于低血糖食品。血糖指数（Glycemic index，GI）是由 Jenkins 和其合作者于 1981 年提出的，用来表示食物被吃之后碳水化合物的吸收速度，定义为含 50 克碳水化合物的食品引起的血糖反应曲线下的面积与含等量的碳水化合物的标准食品血糖反应之比，以百分含量表示。以葡萄糖或白面包为标准，低 GI 食物，在胃肠中停留时间长，吸收率低，葡萄糖释放缓慢，葡萄糖进入血液后的峰值低、下降速度也慢，简而言之就是血糖比较低。当血糖生成指数在 55 以下时，可认为该食物为低 GI 食物。很多全谷物食品属于低 GI 食品，例如全麦籽粒、全燕麦片和全麦意大利面等，但是这不能说明所有的全谷物食品都属于低 GI 食品，因为低 GI 食品与原料中淀粉的含量、加工方式、产品的形态等有很大的关系。

5. 全谷物食品是否等同于高膳食纤维食品？

全谷物食品不等同于高膳食纤维食品。高膳食纤维食品不仅包括全谷物食品，还包括一些蔬菜和水果，例如属于水果蔬菜类的无花果、茄子、梨、绿叶菜、香蕉、芹菜和胡萝卜等也含有较多的膳食纤维。高纤维食物有益成分多，能有效预防癌症。高纤维食品和低脂肪食物都有助于预防心脏病。吃高纤维食物不仅可以帮助排除身体里的有害物质，还可以减肥，使人体变得更加健康。经现代医学和现代营养学研究确认了食物纤维可与传统的六大营养素并列，被称为"第七营养素"。

6. 全谷物食品与保健食品有何区别？

（1）定义不同。保健食品是食品的一个种类，具有一般食品的共性。除此之外，保健食品是指声称具有特定保健功能或者以补充维生素、矿物质为目的的食品，即适宜于特定人群食用，具有调节机体的功能，不以治疗疾病为目的，并且对人体不产生任何急性、亚急性或者慢性危害的食品。美国谷物化学家协会将全谷物食品定义为：完整、碾碎、破碎或压片的颖果，基本的组成包括淀粉质胚乳、胚芽与麸皮，各组成部分的相对比例与完整颖果一样。

（2）特定食用人群不同。保健食品一般有特定食用范围（特定人群），按食用对象不同分为两大类：一类以健康人群为对象，主要为了补充营养素，满足生命周期不同阶段的需求；另一类主要供给某些生理功能有问题的人食用，强调其在预防疾病和促进康复方面的调节功能。而全谷物食品没有特定食用范围（特定人群）。

7. 全谷物食品与特殊膳食医疗食品有何区别？

特殊膳食医疗食品是为特殊人群提供特殊营养，即提供特殊的营养成分（无法从日常的普通膳食中摄取）。特膳食品作为现代科技的食补食疗，遵循"调营理卫、医食同源"，借鉴中医药学"君臣佐使"的配方原则，为特殊人群提供容易流失和难以获取的特殊且丰富的营养成分。特殊膳食医疗食品还具有调节机体的功能，使人体代谢负担最低，具有最高的安全性。

特殊膳食食品包含的原料范围很广泛，针对的消费人群具有很强的特殊性和需求性。而全谷物食品仅仅为谷物原料来源的食品，尽管其可作为某些特殊人群的膳食，但是不具有满足特殊医疗需求的功能。

8. 全谷物代餐粉跟一般代餐产品有何区别？

全谷物代餐粉由于具有高膳食纤维、低脂肪、低饱和脂肪酸、低胆固醇和低热量等特点，具有一定的保健功能。通过研究发现，全谷物摄入能够帮助减少癌症、心血管疾病、糖尿病和肥胖症的发生，同时降低冠心病的发生率，吃全谷物代餐粉也能够极大地控制隐性疾病的发生。全谷物代餐粉能够极大地增加膳食纤维和饱腹感，控制血糖特别是餐饮之后延长进食的时间内效果最好。停经期妇女也能够通过食用全谷物代餐粉改善其健康状况；部分中年人如果能够吃更多全谷物食品，便能够减轻体重，如果一天能够吃三次全谷物食品，便可以极大地降低肥胖症发病率。

代餐粉是一种由谷类、豆类、薯类食材等为主，其他属类植物的根、茎、果实等可食用部分为辅制成的一种单一或综合性冲调粉剂产品。它集营养均衡、效果显著、食用方便等优点于一身，特别是白全谷粉及有机胚芽粉面世以来，得到众多减肥瘦身人士的喜爱和欢迎，减肥效果突出且无副作用。代餐粉减肥是风靡于国际的一种减肥瘦身方法。

9. 全谷物食品能减肥吗？

除了身体锻炼外，合理营养摄入是控制超重与肥胖的重要基础。全谷物食品可能是控制体重的重要膳食因素，但是目前有关全谷物可以防止超重与肥胖的潜在机理的数据非常少。从目前文献看有几种解释，主要有谷物食品的能量密度（每克食物的能值）相对较低，而且富含全谷物的食品较容易产生饱腹感，有助于减少饥饿。增加全谷物的摄入能有助于减少脂肪及其他营养素的摄入，是因为全谷物的低能量密度造成总能量摄入减少形成饱腹感来调节体重，或者是因为全谷物中的酶抑制剂影响了代谢效率，又或者是存在其他机制，还需要进一步的研究。另外，还需要进一步确认全谷物摄入与体重增加的负相关是因为麸皮的作用还是全谷物中的其他组分的作用等原因。近年 WHO/FAO 专家委员会发布了一个关于营养与慢性疾病的报告，报告中提出一个高非淀粉多糖摄入的膳食可以成为一个防止超重与肥胖的保护因素的观念。

10. 全谷物食品能降血脂吗？

全谷物中含有大量膳食纤维，而膳食纤维对糖尿病及高血脂患者的健康益处有比较明确的医学证据。这主要是因为膳食纤维不能被人体吸收，不能被吸收也就不会产生热量，而且摄入的膳食纤维还会延缓胃部排空，增加饱腹感，对于控制血糖及血脂都很有帮助。流行病学资料显示，多吃全谷物食物，人体的总胆固醇、低密度脂蛋白胆固醇就会下降。例如燕麦，它不仅可以抑制人体对胆固醇的吸收，而且燕麦带来的饱腹感可以减少很多不健康的食物的摄入，对保护心脏可能有事半功倍的效果。

11. 全谷物食品具有预防癌症的功效吗？

许多研究表明，有规律地食用低脂膳食尤其是全谷物食品，可以减少某些癌症发生，如胃癌、肠癌、口腔癌及胆囊癌。一个关于 20 种癌症的 40 项研究的整合分析结果显示，全谷物的高摄入量可以降低 21％～24％ 的癌症发生率，发病率下降最大的癌症是胃癌、结肠癌、口腔癌等；一项美国艾奥瓦州女性健康研究结果表明，每天至少食用一份全谷物的人总死亡率降低 40％（$P<0.000\ 1$），癌症死亡率降低 30％（$P<0.000\ 2$）。全谷物对癌症的影响可能是一种预防作用，这种预防作用源于全谷物富含的多种活性成分；一些文献报道了关于解释全谷物防癌机理，如全谷物组分可能与致癌物结合，可限制其发挥作用或限制其在消化道的暴露时间等。全谷物富含可发酵性糖类，这些糖类经过肠道菌群发酵后形成短链脂肪酸，其中的乙酸、丁酸、丙酸可以降低肠道 pH，这样可以降低胆汁作为致癌物质的可能性。可见，短链脂肪酸的形成与降低癌症发生有关。全谷物也是一个富含各种具有抗癌活性的植物化学元素的资源。一些植物化学元素可以抑制 DNA 损伤和抑制癌细胞的增长。谷物膳食纤维还可以增加粪便的体积，具有通便作用，这样可以减少粪便中诱导有机体突变的物质与肠道上皮细胞相互作用进而减少对人体的损害。

12. 长期食用全谷物食品会影响身体健康吗?

长期食用全谷物不会影响身体健康。全谷物食品,通常指没有去掉麸皮的谷物磨成的粉制作的食物,包括糙米、燕麦片、全麦面包等。常吃的普通面粉、精米等的主要营养成分是淀粉、蛋白质和少量维生素,而维持机体健康所需的大量维生素、矿物质则蕴含在麸皮里,所以全谷物食品能给人体更全面的营养。但食用全谷物食品也并非多多益善。美国农业部(USDA)公布的名为"我的盘子"的健康饮食指南图中显示,谷物在每日膳食中应该占有较大比例,且每天食用的谷物中一半须为全谷物。全谷物食品作为粗粮,如果做得不够熟烂、过量食用或者咀嚼不充分,都会给肠胃带来额外负担,肠胃功能较弱的幼儿、老人可能会出现消化不良、腹胀等不适症状。

13. 全谷物适合哪种类型人群食用?

普通人群出于健康饮食的目的,在日常膳食中,应该适当合理搭配食用全谷物食品,使饮食多样化、营养更加均衡。而最适合被推荐食用全谷物食品的人群,则是糖尿病患者、心脑血管病患者和营养过剩的人群,其在日常饮食中需更加注重全谷物食品的摄入。

14. 针对不同人群,一般全谷物的日常膳食推荐量通常是多少?

《中国居民膳食指南(2016)》建议,每天的膳食应包括谷薯类、蔬菜水果类、畜禽鱼蛋奶类、大豆坚果类等。主要特征是种类多样,以谷类为主。每天平均摄入 12 种以上食物,每周 25 种以上。针对不同人群,成年人每日摄入 250~400 克谷薯类食物,其中摄入全谷物和杂豆类 50~150 克,薯类 50~100 克;儿童每日应摄入 250～300 克谷薯类食物，其中摄入全谷物和杂豆类 50～150 克，薯类 50～100 克，摄入全谷物食物的比例并未明确说明。对于幼儿、老年人等消化能力弱者，应减少全谷物食物的摄入。

15. 谷物和其他食品合理搭配需要遵循什么原则？

保证每天 1/3 的杂粮摄入，均衡营养就可以满足身体的需要。食物多样，谷类为主。平衡膳食模式是最大程度保障人体营养需要和健康的基础，食物多样是平衡膳食模式的基本原则。膳食中碳水化合物提供的能量应占总能量的 50％ 以上。

16. 如何加强人群对全谷物食品的接受程度？

一方面，加强消费者对全谷物食品的认知；另一方面，提升开发新的加工技术水平，使全谷物食品的产品丰富多样，种类齐全，增强对消费者的吸引力，增加消费者的购买欲望。全谷物食品与精粮制品在口感上有一定的差距，所以需要引导教育，让消费者把对全谷物食品的期望值调整到位。全谷物在欧美的发展比中国早十多年，其市场发展历程对中国有很好的借鉴意义，因为"消费者对新鲜事物的心理以及接受过程，其实是非常相似的"，由此推导出"中国全谷物市场将渐入佳境"不算盲目乐观。但全谷物食品并不能因此而"有恃无恐"，在漫长的进化过程中，人类形成了偏好高能量密度食物的习性。所以，摆脱了饥饿的人们在生活条件有所好转后，对精制食物的摄入量大幅增加。要加强基础研究和产品开发力度，以兼顾产品的感官品质和营养健康价值。

17. 如何加强对全谷物的营养健康知识的宣传教育？

近年来，随着生活方式的变化，中国居民膳食不均的问题日益凸显。据《中国成年居民粗杂粮摄入状况》的权威调查，超过80％中国成年居民全谷物摄入不足。针对这一现状，"全民营养周"发布了最新修订的《中国居民膳食指南（2016）》，将以燕麦为代表的全谷物食品作为膳食宝塔中重要的"基础结构"进行重点推荐。相关部门和单位要经常组织专家对科学饮食、平衡膳食等专题开展科普宣传，对新研发的全谷物食品进行广泛宣传，提倡适合我国国情的、有利于人民身体健康的膳食结构模式，引导人们营养、健康、安全地消费粮食。研究开发适应市场需求和人们消费变化的全谷物食品，是粮食加工业在新形势下不断发展的一个新课题。要积极大力推进全谷物营养健康食品的发展，为人民身体更健康，生活更美好做出贡献。

18. 家里存放全谷物粮食时需注意哪些问题？

很多消费者喜欢周末采购一周需要的食品，再存入冰箱中。实际上，食物储存越久，营养流失越多。食物储藏时间越长，接触气体和光照的面积就越大，一些有抗氧化作用的维生素（如维生素 A、维生素 C、维生素 E）的损失就越大。在家中最好不要囤积全谷物粮食。家中存放全谷物粮食要注意通风、防潮。尤其是到了夏季潮湿天气，可将粮食放入冰箱保存，并尽快食用。食物只要发生霉变，就不宜继续食用，必须将发霉的花生、玉米、大米等丢掉，也不要用来饲喂家禽家畜。

19. 在家里如何科学合理地烹饪全谷物食物？

日常生活中烹调全谷物食品时，推荐打浆喝、煮粥或与白米搭配蒸饭。打浆是将小麦、玉米、高粱以及大豆和其他杂豆放入豆浆机打浆，所有内容物连吃带喝，简便易行；煮粥最好提前半天或一天进行泡发，更利于煮熟；与白米混煮时需要注意同熟的问题，可通过提前浸泡全谷物，缩短其蒸煮时间，达到与大米同煮同熟。

另外，在烹调全谷物食品时，需要注意几个问题。一是先洗后切与切后再洗，其营养价值差别很大。先切后洗，与空气的接触面加大，营养素容易氧化，水溶性维生素也会流失。切后浸泡时间越长，维生素损失越多。二是熬米粥不能放碱。熬粥时放碱，米（大米、小米）中的 B 族维生素会被加速破坏。在煮玉米粥时可加少量碱，因为玉米中所含有的结合型烟酸不易被人体吸收，加碱能使结合型烟酸变成游离型烟酸，为人体所吸收利用。三是加热时间不要长。食物蒸煮过度会使许多维生素遭到破坏，维生素 C、B 族维生素、氨基酸等极有营养的成分有一个共同的弱点就是"怕热"，在 80℃ 以上就会损失掉；而煎炸食物会破坏食品中的维生素 A、维生素 C 和维生素 E，还会产生有毒物质丙烯酰胺。

20. 全谷物主食挑选的注意事项有哪些？

随着人们对全谷物食品认识的不断深入，粗粮对身体有益的观念也开始深入人心，并受到人们的追捧。当前，超市货架上一般都摆放着不少标明"全谷物、纯粗粮"等字眼的食品，号称含有精选谷物，可补充膳食纤维。但是据相关研究，市面上常见的燕麦粥等粗粮速溶饮品的品质与所选用的原料有关，等级较差、成本较便宜的原料（例如碎米或存放比较久的谷物）经过加工、磨粉后营养素很容易流失，无法靠摄入谷物来弥补。另外，全谷物就算被磨成粉，也应保有原来的麸皮、胚芽比例。

粗粮能量棒、粗粮饼干被认为是富含膳食纤维的食品，也是很多消费者零食的首选。但根据《预包装食品营养标签通则》，宣称"膳食纤维来源或含有膳食纤维"，膳食纤维含量应≥0.03 克/克（固体）或≥0.015 克/毫升（液体），实际中有些所谓的"粗粮食品"，只是在精白米面中加了点麦麸，膳食纤维含量很少。

　　由于以上原因，建议消费者在挑选全谷物食品时，首先应选择成分表中注明"纯燕麦""全麦"字样的商品，而那些成分表中写着"混合谷物"等字样的商品需要特别留意。再有则是比对商品营养成分表中膳食纤维的含量，通常全谷物食品会有更多的膳食纤维。消费者还要注意的是选择不额外添加糖分的全谷物食品。

参 考 文 献

安红周，杨波涛，李扬盛，等，2013. 糙米全谷物食品研究现状与发展 [J]. 粮食与油脂，26（2）：40-43.

翱翔蓝天，2018. 全谷物的十大好处！你知道几个？[EB/OL]（2018-12-18） http：//www.360doc.com/content/18/1218/17/5541385_802685303.shtml.

高浩云，孙波，曾榕兵，等，2005. 燕麦片加工工艺的研究 [J]. 食品科技，12（12）：23-23.

龚二生，罗舜菁，刘成梅，2013. 全谷物抗氧化活性研究进展 [J] 食品工业科技，34（2）：364-369.

龚凌霄，曹文燕，王静，等，2017. 全谷物调节代谢性疾病机制研究的新视角——肠道微生物 [J]. 食品工业科技，38（2）：364-369.

侯国泉，2011. "全谷物标识"使用指南（适用于除美国和加拿大以外的地区）[J]. 农业机械（8）：23-30.

鞠兴荣，何荣，易起达，等，2011. 全谷物食品对人体健康最重要的营养健康因子 [J]. 粮食与食品工业，18（6）：1-6＋16.

孙达旺，1992. 植物单宁化学 [M]. 北京：中国林业出版社.

孙宇星，迟文娟，2017. 藜麦推广前景分析 [J]. 绿色科技（7）：197-198.

谭斌，谭洪卓，刘明，等，2010. 粮食（全谷物）的营养与健康 [J]. 中国粮油学报，25（4）：100-107.

谭斌，谭洪卓，刘明，等，2010. 粮食（全谷物）的营养与健康 [J]：中国粮油学报（4）：100-107。

熊荣园，罗通彪，尚英，2021. 全谷物食品的工艺品质研究进展 [J]. 农产品加工（2）：84-86.

叶兴乾，沈淑好，黄睿，2018，等，2018. 谷物食品总黄酮比色法定量的问题及选用原则 [J]. 中国食品学报，18（2）：1-14.

佚名，2003. 中华人民共和国国家标准糙米 GB/T 18810—2002 [J]. 中国稻米（3）：44-45.

赵佳，2020. 全谷物是膳食纤维的良好来源 [J]. 烹调知识（4）：14-15.

赵琳，李宗军，吴硕，等，2014. 全谷物对Ⅱ型糖尿病干预机理的研究进展 [J]. 粮油食品科技（4）：34-37.

周治海，2000. 谷物食品抗癌保健作用 [J]. 粮食与油脂（6）：40-41.

Anderson J W，Hanna T J，Peng X J，Kryscio R J，2000. Whole Grain Foods and Heart Disease Risk [J]. Journal of the American College of Nutrition（7）：40-44.

Baum G，Lev-Yadun S，Fridmann Y，et al.，1996. Calmodulin binding to glutamate decarboxylase is required for regulation of glutamate and GABA metabolism and normal development in plants [J]. EMBO Journal，15（12）：2988-2996.

Dagfinn A，NaNa K，Edward G，et al.，2016. Whole grain consumption and risk of cardiovascular disease，cancer，and all cause and cause specific mortality：Systematic review and dose-response meta-analysis of prospective studies [J]. BMJ，353（21）：5-36.

Das Amit K，Singh K，2015. Antioxidative free and bound phenolic constituents in pericarp，germ and endosperm of Indian dent（Zea mays var. indentata）and flint（Zea mays var. indurata）maize [J]. Journal of Functional Foods，13（6）：51-62.

Duthie G，Brown M，1994. Reducing the Risk of Cardiovascular Disease [M]. New York：US Functional Foods.

Fardet A，Rock E，Christian Rémésy，2008. Is the in vitro antioxidant potential of whole-grain cereals and cereal products well reflected in vivo [J]. Journal of Cereal Science，48（2）：258-276.

Frank H，2003. Plant-based foods and prevention of cardiovascular disease：an overview [J]. American Journal of Clinical Nutrition，78（1/2）：23-78.

Glenn G，Robert H，Ellen S M，Susan P，et al.，2017. Expert consensus document：The International Scientific Association for Probiotics and Prebiotics（ISAPP）consensus statement on the definition and scope of prebi-

otics. ［J］. Nature reviews. Gastroenterology &. hepatology, 14 (8):
491-502.

Gohil S, Pettersson D, Salomonsson A C, et al. , 2010. Analysis of alkyl-
and alkenylresorcinols in triticale, wheat and rye ［J］. Journal of the Sci-
ence of Food &. Agriculture, 45 (1): 43-52.

Jacobs D R, Meyer K A, Kushi L H, et al. , 1998. Whole-grain intake may
reduce the risk of ischemic heart disease death in postmenopausal women:
the Iowa Women's Health Study ［J］. The American journal of clinical
nutrition, 68 (2): 248.

Lisa B, Bernard R, Walter W, et al. , 1999. Cholesterol-lowering effects of
dietary fiber: a meta-analysis ［J］. Narnia, 69 (1): 30-42.

Liu R H, 2007. Whole grain phytochemicals and health ［J］. Journal of
Cereal Science, 46 (3): 732-737.

Mikail H, Magiatis P, Skaltsounis A, 2010. New alkylresorcinols from the
bulbs of Urginea indica L. collected in Nigeria ［J］. Planta Medica, 76
(12): 207-219.

Zhang B, Zhao Q, Guo W, et al. , 2018. Association of whole grain intake
with all-cause, cardiovascular, and cancer mortality: a systematic review
and dose-response meta-analysis from prospective cohort studies ［J］.
European Journal of Clinical Nutrition, 72 (18) 30-33.

图书在版编目（CIP）数据

全谷物加工知识问答 / 佟立涛，王丽丽主编 . —北京：中国农业出版社，2021.6
ISBN 978-7-109-28320-6

Ⅰ.①全… Ⅱ.①佟… ②王… Ⅲ.①谷物－粮食加工－问题解答 Ⅳ.①TS210.4-44

中国版本图书馆 CIP 数据核字（2021）第 110428 号

中国农业出版社出版
地址：北京市朝阳区麦子店街 18 号楼
邮编：100125
责任编辑：吴洪钟　　文字编辑：林维潘
版式设计：胡　键　　责任校对：吴丽婷
印刷：中农印务有限公司
版次：2021 年 6 月第 1 版
印次：2021 年 6 月北京第 1 次印刷
发行：新华书店北京发行所
开本：880mm×1230mm　1/32
印张：3
字数：100 千字
定价：20.00 元